Sivanaga MalleswaraRao Singu

Aplicação móvel para avaliação de parâmetros WEDM

Sivanaga MalleswaraRao Singu

Aplicação móvel para avaliação de parâmetros WEDM

Uma aplicação móvel para uma avaliação eficiente dos parâmetros óptimos de maquinagem em processos de electroerosão por fio (WEDM)

ScienciaScripts

Imprint
Any brand names and product names mentioned in this book are subject to trademark, brand or patent protection and are trademarks or registered trademarks of their respective holders. The use of brand names, product names, common names, trade names, product descriptions etc. even without a particular marking in this work is in no way to be construed to mean that such names may be regarded as unrestricted in respect of trademark and brand protection legislation and could thus be used by anyone.

Cover image: www.ingimage.com

This book is a translation from the original published under ISBN 978-620-6-84487-7.

Publisher:
Sciencia Scripts
is a trademark of
Dodo Books Indian Ocean Ltd. and OmniScriptum S.R.L publishing group

120 High Road, East Finchley, London, N2 9ED, United Kingdom
Str. Armeneasca 28/1, office 1, Chisinau MD-2012, Republic of Moldova, Europe
Printed at: see last page
ISBN: 978-620-8-27149-7

Conteúdo

AGRADECIMENTOS

Antes de mais, agradeço ao Todo-Poderoso e às pessoas que me ajudaram a concluir este trabalho.

Expresso o meu profundo sentimento de gratidão e de dívida para com o meu supervisor de investigação, **o Dr. K. Hemachandra Reddy**, Professor de Engenharia Mecânica, JNTUA College of Engineering, Ananthapuramu, pela sua valiosa orientação e sugestões para a realização da minha investigação e pela ajuda que me deu na formulação de ideias para o meu relatório. Devo-lhes muito e sinto sinceramente que, sem a sua orientação e encorajamento, teria sido difícil para mim realizar o meu trabalho.

Agradeço sinceramente ao **Dr. Mohammed Moulana Mohiuddin Sarcar** (falecido), Vice-Chanceler da Universidade Tecnológica Jawaharlal Nehru, Anantapur, Andhra Pradesh, pela sua ajuda inspiradora e também pelo seu constante encorajamento e apoio.

Expresso os meus agradecimentos especiais ao Vice-Chanceler **Dr. S. Srinivas Kumar**, ao Reitor **Dr. D. Subba Rao**, ao Conservador **Dr. S. Krishnaiah,** ao Diretor (Investigação e Desenvolvimento) **Dr. S. V. Satyanarayana** da Universidade Tecnológica Jawaharlal Nehru, Anantapur, Andhra Pradesh, pelo seu grande incentivo.

Gostaria de agradecer sinceramente ao **Prof. K. Prahlada Rao**, Diretor, JNTUACE, Anantapur, Andhra Pradesh, por ter concedido todas as facilidades para a realização da minha investigação, com apoio e ajuda constantes.

Expresso os meus agradecimentos especiais ao **Dr. B. Durga Prasad**, Diretor do Departamento de Engenharia Mecânica, JNTUACE, Anantapur, Andhra Pradesh, pelo seu encorajamento.

Aproveito esta oportunidade para agradecer ao **Dr. Ch. V. S. Parameswara Rao,** Diretor da Faculdade de Engenharia de Narayana, Gudur, pelo seu incentivo e apoio contínuos.

Expresso os meus agradecimentos a **Sri R.K. Pavithra Kumar** Diretor, Central Institute Of Tool Design, Balanagar, Hyderabad, **Sri G. Bhanu Prasad** Operations Manager, PMI Toolings Private Limited, Aleap Industrial Estate, Pragathinagar, Hyderabad e **Sri G. Srinivasa Reddy** Purnodaya CNC Wire Technologies, Balanagar, Hyderabad pelas suas sugestões construtivas e pelos testes e verificação das aplicações móveis nas suas salas de ferramentas.

Expresso a minha gratidão a **Sri Narendra Lagoo**, Diretor-Geral (Operações), Electronica HiTech Machine Tools Pvt. Ltd., **Sri Ramesh A. Patwardhan,** Diretor, Sparkonix (India) Private Limited, e **Valavan Kumarasamy**, Diretor, Computerized Machines and Systems (Cmas), Madipakkam, Chennai, pelas suas sugestões sinceras,

ajuda e apoio indispensáveis durante os testes e a verificação de aplicações móveis no seu centro de I&D.

Agradeço a todos os meus amigos **Perla SreenivasaRao**, **Asish Pardhan, Venkatesh, Sushma e Eeswar** pela sua ajuda cordial na codificação, implementação e apresentação das aplicações móveis.

Os meus agradecimentos especiais à minha mãe, às minhas irmãs, à minha cara-metade**, a Dra. S. Lalitha**, e ao meu filho**, S. N. Sai Manideep**, pela sua cooperação contínua e pelo seu apoio moral, apesar de ter estado longe deles durante a maior parte do tempo, por estar ocupado com o meu trabalho.

Por último, apresento os meus sinceros cumprimentos a todos os que, direta ou indiretamente, colaboraram na realização deste trabalho de investigação.

S. Sivanaga MalleswaraRao

RESUMO

A Maquinação por Descarga Eléctrica de Fios (WEDM) é um dos processos de maquinação não tradicionais para a produção de matrizes, moldes, ferramentas de prensagem e caraterísticas complexas de produtos com quaisquer materiais condutores a um ritmo mais rápido. A WEDM é o desenvolvimento da EDM que envolve a substituição da ferramenta juntamente com o reabastecimento contínuo do fio como elétrodo, a água desionizada como dielétrico para a transferência de energia eléctrica para a iniciação rápida e repetitiva de faíscas para causar a velocidade de corte desejada na taxa de remoção de material (MRR).
A utilização bem sucedida do processo com uma eficácia melhorada requer uma investigação intensiva nas áreas da definição dos parâmetros de maquinagem e dos critérios de rendimento. Investigadores anteriores, incluindo eu, analisaram os parâmetros de processo necessários, tais como a corrente de maquinagem, a velocidade de corte, a abertura de faísca ou sobre o corte, o acabamento da superfície e os valores MRR foram explorados para desenvolver correlações matemáticas, para materiais de qualquer espessura entre 5 mm e 80 mm. Estas definições paramétricas e resultados foram examinados e avaliados para uma gama de materiais.
Tendo em conta o que precede, as correlações matemáticas eram difíceis de memorizar e de calcular os valores óptimos para qualquer material que, normalmente, tinha fórmulas longas. Uma aplicação móvel seria a melhor solução para obter os valores ideais dos parâmetros de maquinagem em vários sistemas operativos, como o Android, o IOS (apple) e o Windows. O principal objetivo da aplicação móvel seria a realização de cálculos rápidos. Este sistema pericial/aplicações móveis podem ser utilizadas tanto em sistemas convencionais como não convencionais.
O presente trabalho de investigação inclui:

- Coleção de todas as correlações matemáticas disponíveis para os materiais HSS, HC-HCr, Titânio, Inconel X-750, Grafite, Cobre, Latão, Carboneto de Tungsténio, Alumínio e Al-Mos2 MMC.
- Desenvolvimento de uma aplicação móvel em android para a geração de valores óptimos de corrente de maquinagem, velocidade de corte, abertura de faísca ou sobrecorte, potência, acabamento de superfície e MRR, selecionando o material e a espessura pretendidos. Estes valores podem ser utilizados diretamente em qualquer máquina WEDM para obter melhores resultados.
- Desenvolvimento de uma aplicação móvel em IOS (Apple) para a geração de valores óptimos de corrente de maquinagem, velocidade de corte, abertura de faísca ou sobrecorte, potência, acabamento superficial e MRR, selecionando o material e a espessura pretendidos. Estes valores podem ser utilizados diretamente em qualquer máquina WEDM para obter melhores resultados.
- Desenvolvimento de uma aplicação móvel em Windows para a geração de valores óptimos de corrente de maquinagem, velocidade de corte, abertura de faísca ou sobrecorte, potência, acabamento de superfície e MRR, selecionando o material e a espessura pretendidos. Estes valores podem ser utilizados diretamente em qualquer máquina WEDM para obter melhores resultados.
- Validação e verificação de aplicações nas instalações dos utilizadores de máquinas WEDM.
- Validação e verificação de aplicações nas instalações dos fabricantes de máquinas

WEDM.

- Verificação de aplicações com listas de verificação de apresentação na loja.
- Publicação de aplicações nas respectivas lojas de aplicações.
- Apresentação de patentes.

Estas aplicações podem ser utilizadas diretamente em qualquer smartphone ou tablet. Trata-se de uma aplicação muito fácil de utilizar que permite poupar tempo, planeamento de processos e também custos. Os parâmetros de maquinagem podem ser definidos na máquina sem método de tentativa e erro para o rendimento necessário, o que, por sua vez, aumenta a precisão, reduz o tempo e o custo da maquinagem.

PREFÁCIO

A partir da revisão da investigação e da literatura anteriores, é evidente que já foi realizada uma boa quantidade de investigação na área da EDM e que vários investigadores também têm trabalhado no domínio da EDM por fio.

As análises da investigação básica indicam que a WEDM é o desenvolvimento do processo EDM com a substituição da ferramenta ou elétrodo pré-concebido da EDM por um fio e tendo a água desionizada como dielétrico para a transferência de energia eléctrica para a iniciação rápida e repetitiva de faíscas para a remoção de metal da superfície do elétrodo da peça de trabalho. Para uma utilização bem sucedida do processo WEDM, é necessária uma investigação intensiva na área das caraterísticas termo-físicas e eléctricas. Esta tendência de investigação não só abrirá novas perspectivas nesta área para os investigadores fundamentais e aplicados, como também os resultados serão bastante úteis para a indústria transformadora.

Tendo em vista o cumprimento dos aspectos caraterísticos da electroerosão a fio anteriormente mencionados, o objetivo da presente investigação foi concebido da seguinte forma

1. Coleção de todas as correlações matemáticas disponíveis desenvolvidas para diferentes materiais.
2. Desenvolvimento de uma aplicação móvel em android para a geração de valores óptimos de corrente de maquinagem, velocidade de corte, centelha ou sobrecorte, acabamento superficial e MRR, selecionando o material e a espessura pretendidos. Estes valores podem ser utilizados diretamente em qualquer máquina WEDM para obter melhores resultados.
3. Desenvolvimento de uma aplicação móvel em IOS (para utilizadores da Apple) para gerar valores óptimos de corrente de maquinagem, velocidade de corte, centelha ou sobrecorte, acabamento superficial e MRR, selecionando o material e a espessura pretendidos. Estes valores podem ser utilizados diretamente em qualquer máquina WEDM para obter melhores resultados.
4. Desenvolvimento de uma aplicação móvel no Windows para a geração de valores óptimos de corrente de maquinagem, velocidade de corte, abertura de faísca ou sobrecorte, acabamento superficial e MRR, selecionando o material e a espessura pretendidos. Estes valores podem ser utilizados diretamente em qualquer máquina WEDM para obter melhores resultados.
5. Verificar os pedidos com as listas de controlo de apresentação.
6. Publicar a aplicação.
7. Apresentação de patentes

A tese está organizada em sete capítulos.

O Capítulo Um é uma introdução ao processo de maquinagem não tradicional, às caraterísticas, aplicações e economia da WEDM. A motivação para a realização da investigação, os pressupostos, as limitações e os objectivos desta investigação são apresentados neste capítulo.

O Capítulo 2 é o levantamento da literatura relevante relacionada com os problemas e diz respeito aos métodos e modelos propostos por diferentes autores. Este capítulo é apresentado em 6 secções. A literatura sobre a influência dos parâmetros de maquinagem é apresentada na secção 2.1. A revisão da literatura sobre a classificação de impulsos é apresentada na secção 2.2. A literatura sobre o efeito dos parâmetros do elétrodo de arame nos critérios de maquinagem é apresentada na secção 2.3. A revisão da literatura sobre a carga térmica no elétrodo de arame é apresentada na secção 2.4. A otimização paramétrica e os sistemas adaptativos são apresentados na secção 2.5. e na secção 2.6.

Chapter 3 O capítulo apresenta as caraterísticas completas da WEDM.

Chapter 4 ur trata de estudos experimentais, resultados de ensaios, análise e correlações matemáticas e validação são explicados no capítulo.

Chapter 5 **ve** lida com o desenvolvimento de aplicações e explica o SDLC do desenvolvimento móvel, as considerações sobre o sistema operativo e o desenvolvimento de código são apresentados nesta secção.

Chapter 6 **x** apresenta as conclusões e o âmbito futuro do trabalho são explicados nas secções 6.1 e 6.2.

CAPÍTULO 1

INTRODUÇÃO

O rápido desenvolvimento de vários materiais para utilização no fabrico de um produto causou uma mudança dramática na tecnologia de processamento de materiais, para fazer face à procura contínua de maquinagem de materiais, independentemente da sua dureza, tenacidade, complexidade de conceção, complexidade e padrões microestruturais, sem sacrificar o objetivo final de alcançar uma melhor taxa de remoção de material, acabamento superficial e precisão dimensional. Os processos tradicionais de fabrico de produtos envolvem a remoção do material da peça de trabalho através da interação de uma ferramenta de corte com a peça de trabalho pelo processo de deformação por cisalhamento. A dureza das ferramentas de corte deve ser relativamente mais elevada do que a dos materiais da peça de trabalho para este processo de remoção de material. Estes processos de remoção de material tornam-se agudos na maquinagem de geometrias complexas. Embora tenham sido dados passos rápidos para desenvolver novas variedades de materiais de ferramentas de corte e também métodos de corte de metal, geração de contornos, conformação, afundamento de matrizes, etc., mas, até hoje, a maquinagem de materiais difíceis de maquinar, como superligas, materiais frágeis, como superligas, materiais frágeis, etc., com formas intrincadas ou complexas e gerando tais caraterísticas, é extremamente difícil, demorada e não económica. Para compensar essas dificuldades, embora os processos de maquinagem convencionais tenham avançado mais com a introdução de um processo como a retificação com discos de diamante, muitos dos problemas de fabrico de produtos não foram resolvidos, mesmo com o avanço multimodular da tecnologia de maquinagem convencional.

1.1 Necessidade de processos de maquinagem não tradicionais

A análise dos sistemas de fabrico modernos revelou que os sistemas exigem o cumprimento de vários requisitos básicos compatíveis com as necessidades das práticas de fabrico actuais, como se descreve a seguir.

i) Para efetuar operações como torneamento, fresagem, perfuração, moldagem, afundamento, fiação, etc. em ligas resistentes a temperaturas elevadas e outros materiais difíceis de maquinar e frágeis com elevado grau de tolerância da peça, acabamento da superfície e outras caraterísticas de qualidade.

ii) Para maquinar contornos complicados tanto em materiais de baixa dureza como em materiais difíceis de maquinar com uma taxa de remoção de metal óptima para gerar um produto de qualidade, como é frequentemente exigido no fabrico de produtos.

iii) Para complementar as operações de maquinagem convencionais com a introdução de algumas tecnologias de maquinagem mais recentes e processos de maquinagem não tradicionais, de modo a processar os materiais convencionais, as superligas e outros materiais difíceis de maquinar.

Assim, para satisfazer os requisitos acima referidos, foram desenvolvidas várias tecnologias de maquinagem não tradicionais para complementar eficazmente os vários processos de maquinagem, especialmente quando o processo de maquinagem envolve o desenvolvimento de contornos complicados nas peças de trabalho, independentemente da sua dureza, fragilidade, resistência e requisitos microestruturais. Embora os processos de maquinagem não tradicionais estejam a ganhar força devido às suas vastas aplicações nas indústrias, as caraterísticas de muitos dos processos ainda exigem uma investigação aprofundada para a estabilidade das aplicações práticas. O estado da arte dos processos de maquinagem não tradicionais com base nas caraterísticas de conceção, nas limitações operacionais, nas complexidades da forma geométrica, nas propriedades dos materiais e no campo de aplicações está ainda a atravessar um período de rápida mudança para uma utilização optimizada e diversificação dos processos em prática.

Nos processos de maquinagem não tradicionais, a energia deve ser bem controlada em termos de magnitude e direção, de modo a obter a operação de maquinagem desejada no que diz respeito à forma, tamanho, taxa de remoção de metal ideal, tolerância e caraterísticas de acabamento da superfície, etc. Estes processos reduzem em grande medida o desenvolvimento de tensões devido à operação de maquinagem, uma vez que não há envolvimento das forças de corte como no caso dos processos de maquinagem convencionais. Os vários processos de maquinagem não tradicionais envolvem a aplicação de diferentes formas de energia, como a energia mecânica, a energia eléctrica, a energia térmica, a energia química, a energia luminosa, a energia térmica e a energia magnética, etc., sobre a superfície da peça a maquinar, utilizando os princípios científicos conhecidos, de modo a remover o material da peça para obter a forma e o tamanho desejados. Os processos de maquinagem não tradicionais podem, assim, ser classificados em vários grupos com base nos seus requisitos básicos de processo. A classificação dos processos em vários grupos é orientada pelas seguintes caraterísticas:

i) O tipo de energia necessária, ou seja, mecânica, eléctrica, química, térmica, etc.

ii) O mecanismo básico de remoção de material envolve o processo de erosão, dissolução iónica, vaporização, fusão, etc.

iii) A fonte de energia imediata necessária para a remoção de material, nomeadamente, pressão, alta densidade de corrente, reação química, alta tensão, etc. e

iv) O meio de transferência de energia, como alta velocidade, partículas abrasivas, eletrólito, electrões, gás quente, etc.

Vários processos de maquinação não tradicionais podem ser listados como

a) Maquinação por jato abrasivo (AJM)
b) Maquinação por ultra-sons (USM)
c) Maquinação química (Ch.M)
d) Maquinação eletroquímica (ECM)
e) Retificação eletroquímica (ECG)
f) Maquinação por descarga eléctrica (EDM)
g) Maquinação por descarga eléctrica com corte de fio (WEDM)
h) Maquinação por feixe de electrões (EBM)
i) Maquinação por feixe laser (LBM)
j) Maquinação por feixe de iões (IBM), etc.

As tecnologias de maquinagem não tradicionais estão a encontrar a sua aplicação na indústria transformadora devido às seguintes razões:

i) Aumento da maquinabilidade, independentemente das propriedades metalúrgicas e físicas do material da peça de trabalho, por exemplo, dureza, tenacidade, fragilidade, etc.

ii) Facilidade de gerar qualquer perfil complexo e caraterísticas geométricas na peça de trabalho.

iii) Elevada integridade e precisão da superfície

No entanto, com base na energia necessária para a remoção de material, o desenvolvimento e a utilização dos processos electrotérmicos de maquinagem são altamente exigentes. Os seguintes processos de maquinagem não tradicionais baseados em caraterísticas electrotérmicas têm um potencial crescente nas indústrias transformadoras actuais.

a) Maquinação por descarga eléctrica (EDM) e maquinação por descarga eléctrica com corte de fio (WEDM)
b) Maquinação por feixe laser (LBM)
c) Maquinação por feixe de electrões (EBM)
d) Maquinação por feixe de iões (IBM)
e) Maquinação por arco de plasma (PAM)

Os vários processos electrotérmicos de maquinagem são apresentados na fig. 1.1

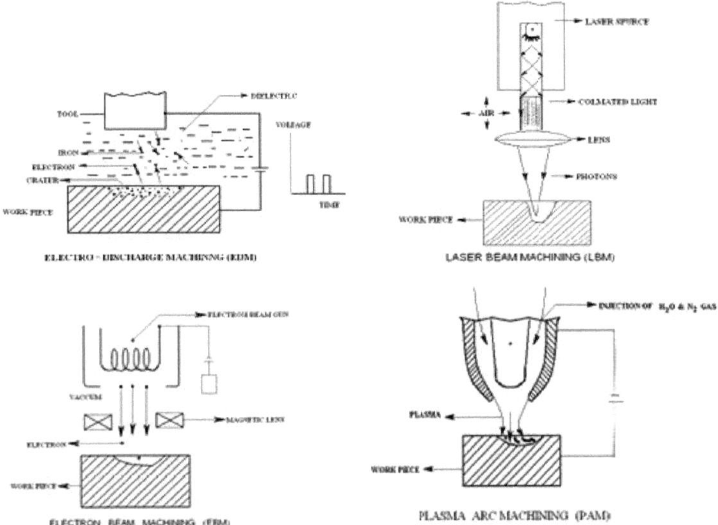

(a) Maquinação por feixe eletrónico (b) Maquinação por arco plasma

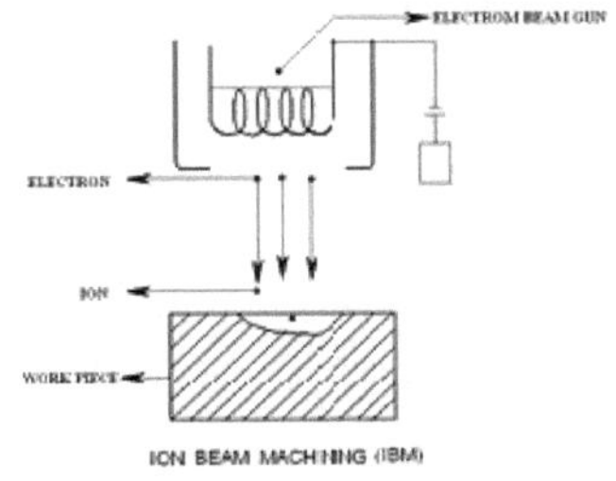

(c) Maquinação por feixe de iões

Fig. 1.1 Diferentes tipos de processos electro-térmicos

Os processos de maquinagem por descargas eléctricas (EDM) e de maquinagem por descargas eléctricas com corte de fio (WEDM) têm uma grande aplicabilidade nas indústrias transformadoras, especialmente na modelação ou maquinagem de produtos complexos, no fabrico de moldes e ferramentas, etc., com materiais e ligas de elevada resistência.

O EDM é um processo eletrotérmico em que o material é removido por descarga eléctrica iniciada consecutivamente entre o ânodo, que é o elétrodo da ferramenta, e um cátodo ou peça de trabalho, submerso num fluido dielétrico. Um volume mínimo de material da peça de trabalho pode ser removido por fusão e evaporação com uma concentração de energia muito elevada de cerca de 10 W/mm^{52} . Parte da energia total é também absorvida pelo elétrodo da ferramenta, provocando algum desgaste da mesma. Este pode ser reduzido a um nível muito elevado em comparação com a remoção de material com uma seleção adequada da ferramenta e do material de trabalho e com um gerador de faíscas ou impulsos apropriado. A EDM é classificada em duas categorias, ou seja, os tipos de corte por matriz e por fio.

i) EDM para afundamento de matrizes

O processo de maquinação por descargas eléctricas para afundamento é um processo de modelação reprodutiva em que a forma do elétrodo da ferramenta é espelhada na peça de trabalho.

A figura 1.2. mostra as caraterísticas básicas da operação de EDM para afundamento de matriz.

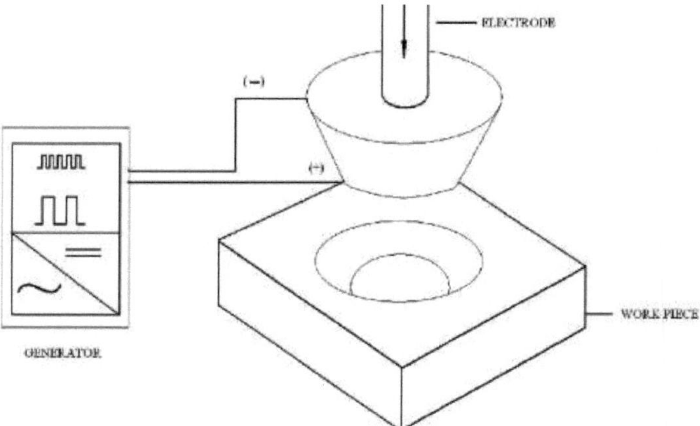

Fig. 1.2 Caraterísticas básicas da operação de afundamento de matriz

ii) WEDM

Trata-se de um processo de EDM controlado por computador em que a geometria da peça de trabalho é gerada por um elétrodo de fio com deslocamento controlado, como mostra a fig. 1.3.

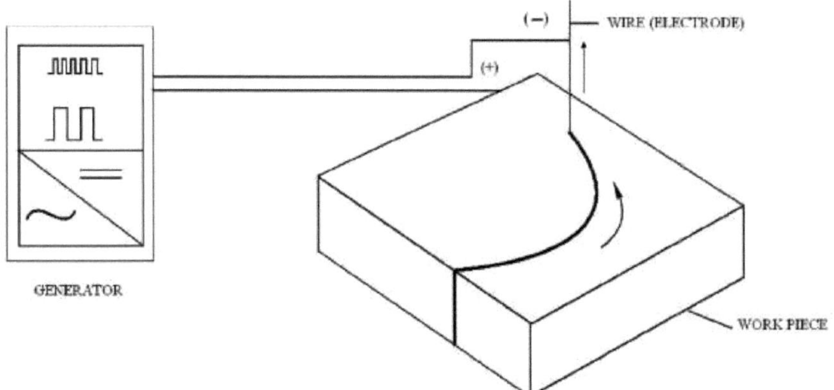

Fig. 1.3 Corte por fio -EDM

1.2 Necessidade de maquinagem por descarga eléctrica de fio (WEDM)

A fim de satisfazer os requisitos do fabrico de produtos com qualquer tipo de material de trabalho condutor, qualidade e outras caraterísticas dimensionais, bem como critérios de redução de custos, a maquinagem por descargas eléctricas com corte por fio (WEDM) foi considerada um dos potenciais processos electrotérmicos entre as técnicas de maquinagem não tradicionais. O WEDM abrange um vasto espetro de áreas de fabrico para a maquinagem de uma variedade de materiais condutores difíceis de maquinar, tal como é frequentemente exigido em aplicações de salas de ferramentas. O processo também é adequado para gerar quaisquer formas complicadas e também para operações de corte. A CNC WEDM pode executar a operação de maquinagem 24 horas por dia, produzindo assim uma melhor utilização do tempo e aumentando a produtividade do sistema de fabrico. A maquinagem de pequenos lotes pode ser feita de forma económica, armazenando o programa que é repetido e executado sempre que os utilizadores o solicitem. A prototipagem também pode ser feita de forma económica através deste processo para gerar a forma desejada com flexibilidade e consistência. É possível obter facilmente um melhor acabamento superficial e precisão dimensional através deste processo.

A WEDM permite que a máquina corte cantos internos com o raio mínimo baseado no diâmetro do fio. Torna-se fácil cortar aberturas quadradas sem segmentação do molde. Os insertos do molde ou os furos do núcleo podem ser cortados mesmo após o tratamento térmico para garantir a máxima precisão de localização. Isto leva a um menor tempo de paragem em caso de modificação ou reparação e, por conseguinte, reduz os custos associados. Os eléctrodos WEDM no processo de afundamento do molde produzem facilmente favos de mel ou outras formas de nervuras. Paredes profundas e finas em cobre ou grafite também são facilmente dominadas. Podem ser cortadas formas complexas para reduzir o número de eléctrodos necessários para o molde e, consequentemente, o tempo e o custo da sua construção.

1.3 Caraterísticas básicas da WEDM

O princípio básico da maquinagem por descargas eléctricas com fio (WEDM) consiste em gerar qualquer perfil através da erosão do material da peça em bruto com a ajuda de descargas de faíscas rápidas e repetitivas. Não existe qualquer contacto mecânico entre a ferramenta e a peça de trabalho. Para o efeito, é utilizada uma fonte de alimentação de corrente contínua capaz de fornecer impulsos de eletricidade de muito alta frequência. A ferramenta de corte no sistema de maquinagem por descarga eléctrica com fio é um fio muito fino feito de material condutor de eletricidade. É utilizado um dielétrico entre a peça de trabalho e o elétrodo para gerar a descarga de faíscas. Um fio que corre continuamente da bobina de alimentação para a bobina de recolha é alimentado contra a peça de trabalho com um espaço pré-definido entre a peça de trabalho e o fio, denominado centelhador. O centelhador é preenchido com um dielétrico adequado que actua como isolador a uma tensão normal. Mas, a alta tensão, o mesmo dielétrico permite que a corrente flua através da rutura do meio dielétrico. Além disso, o dielétrico deve também ter uma baixa viscosidade e um elevado efeito de arrefecimento. O sistema de alimentação da ferramenta, ou seja, o elétrodo de arame, é um arame fresco de movimento lento com tensão suficiente para manter o elétrodo de arame direito e evitar qualquer efeito de curvatura. O elétrodo de arame é ainda guiado por uma guia de arame superior e uma guia de arame inferior para alimentar o arame num ângulo reto em relação ao eixo da máquina. O fio passa por várias rodas, barras de tensão, etc., para obter um funcionamento constante e suave do fio e não é reutilizado, uma vez que perde a sua precisão dimensional e de forma quando é sujeito à primeira faísca, o que faz com que o processo seja um processo de maquinagem bidimensional. O esquema de um sistema WEDM é apresentado na fig.1.4

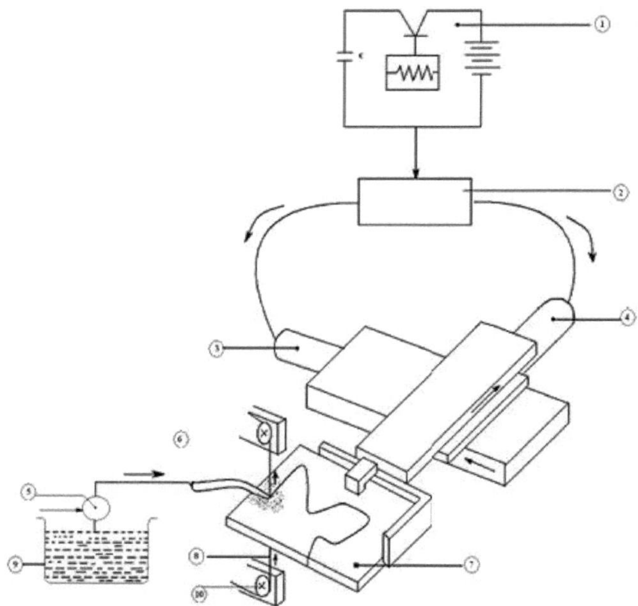

1. Unidade de alimentação eléctrica	6. Bocal
2. Controlador numérico	7. Peça de trabalho
3. Motor passo a passo de direção X	8. Elétrodo de fio
4. Motor passo a passo de direção Y	9. Depósito dielétrico
5. Bomba	10. Polia de acionamento do cabo

Fig. 1.4 Sistemas WEDM

Em geral, são também utilizados na prática fios de latão com diâmetros entre 0,1 e 0,3 mm, fios de tungsténio e molibdénio de 0,03-0,07 mm. A água desionizada é utilizada como dielétrico devido à sua fácil disponibilidade, baixo custo, elevada taxa de arrefecimento e elevada taxa de erosão.

Na prática, é utilizada uma fonte de alimentação capaz de fornecer 50 a 300 V, uma frequência de 180 a 300 KHz e uma corrente de 1 a 20 A. A máquina também pode ser acionada por fita ou por disquete no tipo NC e também oferece instalações de multi-corte para melhorar a precisão e o acabamento da superfície. No entanto, as máquinas modernas estão equipadas com um sistema de leitura automática que reduziu ainda mais o custo de funcionamento. O fornecimento de uma rotina de escalonamento automático no sistema WEDM CNC aumentou ainda mais a versatilidade e a economia de programação para o fabrico de diferentes componentes, como matriz, punção, placa de decapagem, etc., necessários para as ferramentas de prensagem. Estes podem ser maquinados a partir de um único programa, modificando apenas o programa básico através de uma rotina de escalonamento automático. O elétrodo necessário para o afundamento por EDM pode ser maquinado muito facilmente por WEDM com elevado grau de precisão e também os eléctrodos de desbaste e de acabamento podem ser fabricados a partir de um único programa.

1.4 Aplicações da WEDM

A WEDM tem inúmeras aplicações na indústria transformadora moderna.

1.4.1 Aplicações gerais

O sistema WEDM tinha aplicações em várias indústrias transformadoras e salas de ferramentas. As aplicações do WEDM são listadas abaixo.

1) As formas em espiral podem ser geradas accionando a rotação do fio ou da peça de trabalho num percurso de contorno de cima para baixo do trabalho, de acordo com a forma do trabalho.

2) O contorno por escalonamento pode ser desenvolvido por WEDM de forma a ter uma caraterística de forma maior ou menor gerada na superfície superior em relação à inferior.

3) Podem ser efectuados diferentes tipos de contorno superior e inferior numa peça de trabalho com alterações graduais da secção transversal através da utilização de módulos de programação completamente independentes.

4) As peças repetidas do mesmo trabalho podem ser feitas facilmente pela WEDM através do ajuste automático do fio.

5) Podem ser maquinados muitos trabalhos de cada vez, de modo a aumentar a produtividade em várias vezes, através da utilização de várias cabeças num sistema WEDM.

1.4.2 Aplicação de WEDM em salas de ferramentas

A WEDM é também muito utilizada no fabrico de componentes para salas de ferramentas ou em requisitos de sistemas. Os engenheiros da sala de ferramentas necessitam de produzir formas exactas em materiais de peças endurecidas. Por conseguinte, a aplicação da WEDM no domínio da sala de ferramentas inclui

i) Fabrico de ferramentas gerais, por exemplo, fabrico de excêntricos para placas, gabaritos, ferramentas de lapidação, eléctrodos para EDM de afundamento normal, etc.

ii) Fabrico de ferramentas de prensagem, por exemplo, fabrico de punção de corte, matriz de corte, punção de perfuração, matriz de perfuração, placa de remoção, cortador lateral, matriz de corte, matriz de forjamento, etc;

iii) Fabrico de moldes de injeção,

iv) Fabrico de moldes de compressão,

v) Fabrico de moldes de transferência,

vi) Fabrico de moldes de sopro, por exemplo, fabrico de eléctrodos para fazer cavidades;

vii) Fundição injectada,

viii) Fabrico de ferramentas de moldagem, por exemplo, fabrico de matrizes de sinterização, matrizes de extrusão e matrizes de estiramento, etc.

1.5 Economia da WEDM

O WEDM é o processo avançado e modificado do EDM normal ou do processo CNC. Atualmente, este processo tem vindo a ganhar uma procura crescente para a sua aplicação nas indústrias de engenharia devido às seguintes razões

a) Verificou-se que o custo de equilíbrio da produção é bastante inferior, apesar de o custo inicial ser elevado para a WEDM em relação à máquina de descarga eléctrica normal e às máquinas convencionais.

b) O processo poupa o número total de fases na utilização de ferramentas sequenciais devido à ausência de linhas de separação na matriz, permitindo assim uma maior abertura por fase;

c) Pode compensar a necessidade de operações de tratamento térmico nas peças, uma vez que a superfície se torna endurecida pelo processo enquanto decorre a operação de corte.

d) A WEDM evita a operação de polimento em peças ou produtos acabados devido à sua capacidade de produzir peças de tolerância estreita com elevado acabamento superficial.

e) Reduz o tempo de ciclo das ferramentas de fabrico.

f) O prazo de entrega e os fluxos de caixa são melhorados com esta tecnologia de processo.

g) A ferramenta é apenas um fio fino na WEDM; assim, o custo da ferramenta é baixo e a complexidade do projeto da ferramenta, como no caso da EDM e de outras aplicações de processo, está ausente.

h) O custo de inspeção de peças ou produtos acabados por WEDM é reduzido.

i) A rejeição do produto é muito minimizada ou completamente evitada devido ao facto de o programa poder ser verificado antes do início da operação de corte ou durante o funcionamento em seco da máquina.

j) O consumo de energia neste processo é baixo em comparação com o EDM.

A fig.1.5 apresenta uma análise comparativa típica no que respeita às caraterísticas de poupança de tempo em várias fases da WEDM em relação à EDM durante o fabrico de um produto acabado ou peça. As diferentes operações envolvidas no fabrico do mesmo trabalho por EDM e WEDM são apresentadas nas respectivas colunas de maquinagem. No atual mercado globalmente competitivo, o sistema de produção por tarefa ou por lotes é adotado para reduzir os custos de inventário. A operação EDM depende totalmente da precisão dimensional dos eléctrodos-ferramenta. Para realizar uma forma complexa com um elevado grau de precisão, é frequentemente necessária uma máquina CNC e mesmo a aplicação direta da WEDM no sistema de produção por encomenda tem-se revelado mais económica.

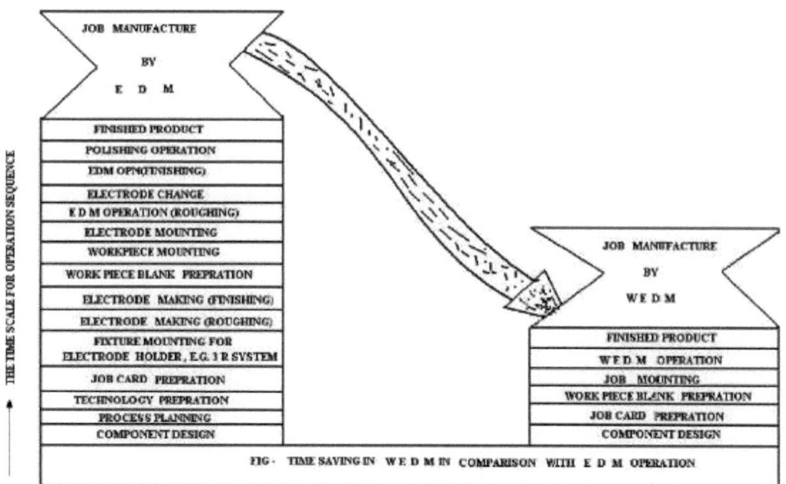

Fig.1.5 Caraterística típica de poupança de tempo na WEDM em comparação com a EDM

1.6 Objetivo e âmbito do presente trabalho

A partir da revisão da investigação e da literatura anteriores, é evidente que já foi realizada uma boa quantidade de investigação na área da EDM e que vários investigadores também têm trabalhado no domínio da EDM por fio.

As análises de investigação básica indicam que a WEDM é o desenvolvimento do processo EDM com a substituição da ferramenta ou elétrodo pré-concebido da EDM por um fio e tendo a água desionizada como dielétrico para a transferência de energia eléctrica para a iniciação rápida e repetitiva de faíscas para a remoção de metal da superfície do elétrodo da peça de trabalho. Para uma utilização bem sucedida do processo WEDM, é necessária uma investigação intensiva na área das caraterísticas termo-físicas e eléctricas. Esta tendência de investigação não só abrirá novas perspectivas nesta área para os investigadores fundamentais e aplicados, como também os resultados serão bastante úteis para a indústria transformadora.

Tendo em conta o cumprimento dos aspectos caraterísticos da electroerosão a fio anteriormente mencionados, o objetivo da presente investigação foi concebido da seguinte forma

i) Para analisar o efeito da corrente de maquinação, sob configurações paramétricas ideais predefinidas de tensão de abertura, tensão e velocidade do fio, condutividade eléctrica da matriz nos vários critérios do processo WEDM, como velocidade de corte, abertura de faísca, rugosidade da superfície e MRR para maquinação dos materiais da ferramenta, ou seja, aço de alto carbono e alto crómio e aço rápido de igual espessura, utilizando elétrodo de fio de latão (36% Zn) com 0,25 mm de diâmetro.

ii) Analisar o efeito da espessura nas variáveis do processo, como a corrente de maquinação máxima atingível, e também nos vários critérios de maquinação, como a velocidade de corte, a abertura de faísca, a taxa de remoção de material e o acabamento da superfície dos materiais de ferramenta selecionados, ou seja, aço de alto carbono e alto crómio e aço rápido, utilizando o elétrodo de fio de latão (36% Zn) de 0,25 mm de diâmetro

iii) Desenvolver correlações matemáticas para calcular os parâmetros de corte acima mencionados.

1.7 Apresentação da tese

A apresentação do trabalho reflectiu-se na forma aqui descrita.

No Capítulo 1, é apresentada a introdução ao tema, com ênfase na necessidade de optar pela GED.

As investigações levadas a cabo por vários investigadores no domínio da WEDM são analisadas no capítulo 2. Foram discutidas as contribuições passadas e recentes neste domínio.

As várias caraterísticas da WEDM e os modelos matemáticos subjacentes são explicados no capítulo 3.

Os estudos experimentais, os resultados dos ensaios e a análise são apresentados no capítulo 4.

O desenvolvimento das correlações matemáticas é explicado no capítulo 5.

O último capítulo contém as conclusões retiradas do presente inquérito e o âmbito do trabalho futuro.

CAPÍTULO 2

REVISÃO DA LITERATURA

Principais áreas de investigação da WEDM

A informação disponível na literatura existente é dividida em 6 categorias e analisada pela mesma ordem.

- Influência dos parâmetros de maquinagem
- Classificação dos impulsos
- Efeito dos parâmetros do elétrodo de fio nos critérios de maquinagem
- Carga térmica no elétrodo metálico
- Otimização paramétrica
- Sistemas adaptativos

2.1 Influência dos parâmetros de maquinagem

Os parâmetros como a energia específica, a corrente de descarga, a frequência de descarga, os tempos de faísca, os fluidos dieléctricos e as suas propriedades, as propriedades termo-físicas e os erros de canto que surgem durante a maquinagem são discutidos pelos investigadores anteriores. Liao e Yu [1] realizaram experiências para determinar a energia específica de descarga (SDE). Foi relatado que a SDE é constante para um material específico. É derivada uma relação quantitativa entre as caraterísticas de maquinação - taxa de remoção de material (MRR), eficiência da MRR e parâmetros de maquinação. Os resultados podem ser aplicados para determinar as definições dos parâmetros de maquinagem de diferentes materiais. Han et al. [2] analisaram o efeito da corrente de descarga na morfologia da superfície maquinada. A morfologia da superfície é estudada sob várias durações de impulso, causadas pela energia de impulso gerada através da corrente de descarga. Os impulsos curtos e os impulsos longos com 0,67 e 0,60 mJ de energia de impulso provocaram crateras de tamanho semelhante, dando origem a uma superfície semelhante. Os autores concluíram que a morfologia da superfície depende da energia do impulso e, por sua vez, da corrente de descarga. Sanchez et al. [3] estudaram os erros ocorridos nos cantos durante a maquinação de aço AISI D2 de 50mm e 100mm de espessura com WEDM utilizando fio de latão de 0,25mm de diâmetro. Os autores analisaram as razões para os erros no corte de cantos como o atrito entre as guias do fio, a descarga dieléctrica, a deformação do fio e a espessura da peça de trabalho e sugeriram cortes múltiplos para uma melhor precisão. Madhusudan et al. [4] obtiveram os valores óptimos de precisão dos cantos e também desenvolveram correlações matemáticas para prever a abertura da faísca. Kozak et al. [5] avaliaram o efeito da frequência e da energia da descarga na MRR para maquinação de diamante policristalino (PCD). Analisaram o mecanismo de remoção dos grãos de diamante da peça de trabalho com base nas tensões térmicas entre os grãos de diamante e a fase de cobalto e foi revelado que a frequência de descarga desce de 6,5 para 4,5 kHz.

Williams e Rajurkar [6] modelaram estocasticamente e analisaram os perfis de superfície WEDM para compreender o mecanismo de geração de superfície. Descreveram o processo de geração de faíscas utilizando temporizadores de pulso ON time OFF. Opinaram que a velocidade do fio, a tensão do fio e a taxa de fluxo dielétrico são insignificantes e que a corrente de maquinagem é o parâmetro crítico. Os autores realizaram experiências em aço D2 de 38 mm de espessura com fio de 0,25 mm de diâmetro em diferentes níveis de corrente. As suas observações revelaram que, com uma corrente de 4A e uma velocidade de corte de 550 mm/min, as correntes mais elevadas geravam crateras maiores e deposição de material do elétrodo na peça de trabalho. Os autores sugeriram um compromisso com a qualidade da superfície para uma maquinação rápida. Spur e Schonbeck [7] desenvolveram um modelo teórico para prever a influência das propriedades termofísicas do material nos critérios de maquinagem e realizaram experiências para confirmar o modelo teórico. Levy [8] realizou experiências de maquinagem do aço HC-HCr X210Cr12 e observou que o fluido dielétrico, ou seja, a água, está a ficar contaminado e a causar problemas ao ambiente e sugeriu medidas para reciclar o fluido dielétrico. Tariq e Pandey [9] maquinaram aço de baixo carbono com fios de cobre e latão a baixas densidades de corrente com diferentes fluidos dieléctricos. As experiências são planeadas estatisticamente e as equações de superfície de resposta para MRR, desgaste da ferramenta e rugosidade da superfície são derivadas para água da torneira, água destilada e uma mistura de 25% de água da torneira e 75% de água destilada como fluidos dieléctricos. Os autores concluíram que a água destilada proporciona melhor MRR, acabamento superficial e baixo desgaste do elétrodo do que os outros dieléctricos. Kumagai et al. [10] propuseram um novo sistema WEDM para maquinar furos de elevada relação de aspeto utilizando um elétrodo compósito constituído por um fio envolto num tubo dielétrico. Os autores usinaram com sucesso furos de 0,7 mm de diâmetro e 150 mm de profundidade em aço carbono com fio de 0,3 mm de diâmetro e água salgada como dielétrico e obtiveram os melhores resultados.

Banadeki e Murti [11] observaram que a tensão de abertura, a corrente de maquinagem, a tensão do fio, a velocidade do fio, a pressão dieléctrica e a condutividade são os parâmetros que causam o desgaste excessivo e a rutura do fio. Os autores fizeram experiências com aço HC-HCr de 34 mm de espessura na máquina ELCUT 234 com condições predefinidas de tensão de abertura de 60V, 40N de tensão do fio, 3,5A de corrente de maquinagem, 1,5 m/min de velocidade do fio, 1,1bar de pressão de lavagem e 40mho de condutividade dieléctrica. Os autores concluíram que os valores críticos destes parâmetros dependem da espessura da peça e referiram ainda que para outras espessuras, estes valores devem ser estudados e optimizados. Kim e Kruth [12] estudaram a influência da condutividade eléctrica do dielétrico nos parâmetros de saída, tais como a taxa de remoção de metal e o valor da rugosidade da superfície de carbonetos sinterizados. Uma menor condutividade eléctrica do dielétrico resulta numa maior taxa de remoção de metal, uma vez que a distância entre o elétrodo de arame e a peça de trabalho é reduzida. Em especial, foram analisadas as caraterísticas da superfície da peça de trabalho em desbaste e do elétrodo de arame. Para obter uma boa igualdade de superfície sem fissuras, foram necessários 4 cortes de acabamento, reduzindo a energia eléctrica e o valor do desvio.

Kozak et al. [13] demonstraram que a resistência eléctrica total entre a peça de trabalho e o fio elétrodo varia durante a maquinagem, dependendo da posição de fixação. Esta alteração na resistência provocou uma alteração na taxa de remoção de material (MRR) e na rugosidade média da superfície que conduz a uma má qualidade de corte. É aplicado um revestimento de prata condutora sobre a superfície da peça de trabalho, devido ao qual a queda de tensão no material da peça de trabalho é reduzida, diminuindo assim a perda de energia no material da peça de trabalho. Observa-se também que o revestimento condutor de prata não só minimiza a variação da resistência como também aumenta a produtividade do processo. Okada et.al.[14] propuseram um novo método de avaliação utilizando uma câmara de vídeo de alta velocidade. As localizações das faíscas são medidas através da análise das imagens gravadas. Em seguida, são investigados os efeitos dos parâmetros de maquinagem, tais como a tensão do servo, o tempo de intervalo de impulsos, a velocidade de funcionamento do fio e outros, na distribuição da localização das faíscas. A possibilidade de avaliar a vibração do fio também é discutida. Schacht et. al.[15] mostraram a importância da impedância do fio devido ao efeito de pele que depende da frequência do sinal de corrente, especialmente para fios ferromagnéticos, como o fio de aço. É também demonstrado que os revestimentos do fio são primordiais para evitar que a velocidade de maquinagem diminua significativamente. Cheng et al. [16] determinaram experimentalmente o coeficiente de transferência de calor por convecção em WEDM. É desenvolvido um dispositivo especial para medir o aumento médio da temperatura do fio após um período de descargas de curto-circuito e a carga térmica imposta ao fio é também rastreada e registada antecipadamente. O efeito da pressão de descarga do líquido de refrigeração no coeficiente convectivo é também estimado. Quando a pressão é aumentada de 0,1 para 0,8 MPa, o coeficiente convectivo aumenta em mais de 20%, melhorando assim as condições de arrefecimento do processo WEDM.

Chega e Liao [17] desenvolveram um sistema de análise em linha para a causalidade do tempo de atraso da ignição. Foram utilizados dois algoritmos matemáticos para a análise da função de autocorrelação e da transformada de Fourier. Através de experiências em diferentes condições de trabalho, verificou-se que a função de autocorrelação podia ser utilizada para detetar a ocorrência consecutiva de arco e descarga de curto-circuito.

Sorabh et.al **[18]** trabalhou na otimização de vários parâmetros utilizando diferentes fios, incluindo fios revestidos.

Gokler [19] investigou a combinação mais adequada de parâmetros de corte e de desvio para o processo de maquinagem por descarga eléctrica com fio, a fim de obter o valor de rugosidade superficial desejado para as peças maquinadas. Tosun et al. [20] investigaram o efeito dos parâmetros de maquinagem no corte e MRR em operações WEDM. Os estudos experimentais foram efectuados em condições de duração variável dos impulsos, abertura

tensão do circuito, velocidade do fio e pressão de descarga dieléctrica. As definições dos parâmetros de maquinagem foram determinadas utilizando o método de conceção experimental de Taguchi. O nível de importância dos parâmetros de maquinagem no corte e no MRR foi determinado utilizando a análise de variância (ANOVA). A combinação óptima dos parâmetros de maquinagem foi obtida utilizando a análise da relação sinal-ruído (*S/N*). A variação do corte e do MRR com os parâmetros de maquinagem é modelada matematicamente utilizando o método de análise de regressão. A procura óptima de parâmetros de maquinagem para obter um corte mínimo e um MRR máximo é realizada utilizando os modelos matemáticos estabelecidos. Sanchez et al. [21] estudaram a geometria dos cantos gerada pelos cortes sucessivos (desbaste e acabamento). A influência de diferentes aspectos como a espessura de trabalho, o raio do canto e o número de cortes de acabamento é investigada. Os autores concluíram que um procedimento de otimização da precisão dos cantos deve ter em conta os erros gerados pelos cortes anteriores.

2.2 Classificação dos impulsos

Watanabe et al. [22] desenvolveram um método estatístico de classificação de impulsos para a otimização do processo offline. Eles descreveram um método para classificar os impulsos de descarga. A eficiência e a estabilidade da maquinação podem ser verificadas através da análise da ocorrência de impulsos. Os autores também mencionaram um sistema de monitorização da WEDM que fornece condições de maquinação quantitativas.

Marin Gostimirovic et.al [23] estabeleceram a dependência analítica entre os parâmetros da energia de descarga e as caraterísticas da fonte de calor. As propriedades térmicas da energia descarregada foram investigadas experimentalmente e a sua influência na taxa de remoção de material, distância entre fendas, rugosidade da superfície e camada refundida foi estabelecida. S Sivakiran et.al [24] estudam a influência de vários parâmetros de maquinagem Pulse on, Pulse off, Bed speed e Current na taxa de remoção de metal (MRR). A relação entre os parâmetros de controlo e o parâmetro de saída (MRR) é desenvolvida por meio de regressão linear. Os desenhos L16 (4*4) da matriz ortogonal (OA) de Taguchi foram utilizados no aço para ferramentas EN-31 para atingir a taxa máxima de remoção de metal.

Jaganathan P et.al [25] realizaram o projeto de experiências (DOE) na matriz ortogonal L27 de taguchi (OA) e efectuaram experiências no aço EN31. Os autores revelaram que a maquinagem em desbaste proporciona uma menor precisão e a maquinagem de acabamento proporciona um acabamento superficial fino, mas reduz a velocidade de maquinagem.

M. N. Islam et.al [26] apresentaram os resultados experimentais e analíticos de uma investigação sobre a exatidão dimensional alcançável em WEDM. Os autores utilizaram a análise tradicional, o método Taguchi e a análise Pareto ANOVA para determinar os efeitos dos seis principais parâmetros de maquinação controláveis, ou seja, a corrente de descarga, a duração do impulso, a frequência do intervalo de impulsos, a velocidade do fio, a tensão do fio e a taxa de fluxo dielétrico em três caraterísticas-chave de precisão dimensional das peças de componentes prismáticos - erros dimensionais lineares, erros de planicidade e erros de perpendicularidade das superfícies de canto. Subsequentemente, os parâmetros de entrada são optimizados de forma a maximizar as caraterísticas de precisão dimensional. Os resultados indicam que a precisão dimensional que é possível obter na maquinação por descarga eléctrica com corte a fio não é tão elevada como se previa.

Dekeyser et al. [27] desenvolveram um sistema pericial multidisciplinar baseado na classificação de impulsos e na modelação térmica. O sistema de discriminação de impulsos EDM é utilizado para detetar e classificar a ocorrência de diferentes tipos de impulsos e tempos de impulsos. Os dados experimentais são analisados e a influência dos parâmetros de maquinagem é prevista. É desenvolvido um modelo térmico para prever a sobrecarga térmica do fio e a rutura do fio. Os autores observaram que o aumento da velocidade do fio resulta numa diminuição da temperatura e provoca vibrações. Wong et al. [28] estudaram as caraterísticas de remoção de material usando descargas de pulso RC simples com uma resolução de posicionamento de 0,25uni. Os autores usinaram material SS (SUS 304) com energias baixas (10-20mJ) e energias mais altas (50700nJ) usando descargas de pulso RC simples. Os autores observaram que a eficiência de renovação do material é próxima de 1 para energias mais baixas e 0,15 para energias mais altas. Além disso, os autores calcularam a energia específica e verificaram que esta é mais baixa para a naminação com uma energia de impulso mais baixa do que com uma energia de impulso mais elevada. Juhr et al. [29] procederam à niquelação de carboneto centrado WC- TiC-Co utilizando impulsos de descarga de curta duração para ninificar a profundidade da zona termicamente afetada. Os autores também modelaram a zona termicamente afetada utilizando o ANSYS para a simulação das formas de onda dos impulsos.

Scott et al. [30] maquinaram espumas porosas, mós de diamante ligadas a metal, ímanes de Nd-Fe-B sinterizados e placas bipolares C-C e determinaram o efeito do tempo de ignição e do tempo de desativação da ignição na MRR e no valor da rugosidade da superfície. É efectuada uma análise de regressão e os parâmetros do processo são optimizados para obter uma taxa de remoção de material mais elevada com um melhor acabamento da superfície. Liao et al. [31] identificaram a tensão, a corrente de maquinagem e o tipo de circuito gerador de impulsos como os parâmetros significativos que afectam a rugosidade da superfície no

processo de acabamento. Os autores utilizaram a técnica de design de qualidade Taguchi e, para a análise de erros, foi efectuada uma análise ANOVA para determinar os parâmetros significativos. Os autores adoptaram um circuito gerador de impulsos de corrente contínua e obtiveram valores de rugosidade superficial de 0,22pm com um tempo de ignição de 5ps e sugeriram que a maquinagem fosse efectuada com baixa tensão do fio, menor condutividade do fluido dielétrico e menor tempo de ignição para obter um bom acabamento superficial.
Harshadkumar C et.al [32] investigou o efeito da variação do tempo de pulso, do tempo de desativação do pulso, da pressão de lavagem, da tensão do servo, da taxa de alimentação do fio e da tensão do fio no material H-11 para analisar o efeito na taxa de remoção de material e no acabamento da superfície utilizando a análise ANOVA e a otimização de base Taguchi de resposta múltipla. Para a realização desta experiência, foi utilizada uma abordagem de Taguchi com uma matriz ortogonal L27. O software Newest foi utilizado para efetuar a ANOVA (análise de variância) e o teste de confirmação foi realizado para verificar e comparar os resultados da previsão teórica utilizando o software. E neste produz uma modelação matemática mais elevada; desenvolve-se uma ferramenta de software de medição escalar em VB-6 para a medição da largura do corte, e outra ferramenta de software baseada no modelo matemático.
Yan e Lai [33] desenvolveram uma nova fonte de alimentação para acabamento fino que consiste num controlo por tiristor, composto por um circuito de ponte completa e um circuito de controlo de impulsos para fornecer funções de controlo de impulsos antielectrólise, de alta frequência e de baixa energia. Os autores maquinaram aço SKD11 e carboneto de tungsténio com fio de 0,25 mm de diâmetro, com uma tensão de fio de 170 N e uma velocidade de fio de 5 m/min, e obtiveram um valor de rugosidade superficial de 0,22 pm *R*.
Yan e Chien [34] desenvolveram um sistema de controlo e discriminação de impulsos assistido por computador para a monitorização e controlo do processo de WEDM. O sistema classifica os impulsos de descarga em 4 tipos com base nas caraterísticas da forma de onda da tensão de abertura. Este sistema é útil para analisar instantaneamente a relação entre as definições da máquina e os parâmetros de deteção. Os autores realizaram experiências com aço SKD 11 de 5, 10 e 15 mm de espessura e verificaram o sistema desenvolvido para investigar e controlar os efeitos das condições de maquinagem, como o intervalo de impulsos, a taxa de avanço da maquinagem e a espessura da peça de trabalho na frequência de faíscas. Os autores concluíram que a frequência de impulsos deve ser aumentada com o aumento da espessura da peça de trabalho. Rajurkar e Wang [35] propuseram um monitor de frequência de faíscas WEDM para determinar a energia gerada durante o processo de maquinagem e analisaram os tipos de faíscas e o seu efeito na velocidade de corte e no acabamento da superfície maquinada. Yan [36] desenvolveu e aplicou uma nova fonte de alimentação de acabamento fino em WEDM. A fonte de alimentação controlada por transístor, composta por um circuito de ponte completa, dois circuitos de amortecedores e um circuito de controlo de impulsos, foi concebida para proporcionar as funções de controlo de impulsos anti-eletrolítico, de alta frequência e de muito baixa energia. Os resultados dos testes indicam que a duração do impulso da corrente de descarga pode ser encurtada através do ajuste da capacitância em paralelo com a abertura de faísca.

2.3 Efeito dos parâmetros do elétrodo de fio nos critérios de maquinação

Os efeitos da velocidade do fio, da tensão do fio, das flutuações, da amplitude da vibração, do sistema de transporte, das causas de rutura do fio, dos aspectos metalúrgicos do fio e do revestimento dos fios em diferentes critérios de maquinagem são apresentados por alguns dos investigadores. Puri e Bhattacharyya [37] utilizaram uma matriz ortogonal L27 baseada no método de Taguchi para avaliar os principais factores que afectam a velocidade de corte, a rugosidade da superfície e a precisão geométrica devido ao atraso do fio. Os autores maquinaram aço endurecido e recozido do tipo M2 de 28 mm de espessura com fio de 0,25 mm e desenvolveram um modelo para minimizar a vibração da ferramenta de fio. Guo et al. [38] desenvolveram um método de simulação computacional para estudar a vibração do fio-elétrodo sob a ação de descargas sucessivas, através do qual é analisado o efeito da flutuação do fio na distribuição dos pontos de descarga. Os autores concluíram que a energia de descarga depende da vibração do elétrodo, que pode ser alterada através do ajuste dos parâmetros de maquinagem.

Puri e Bhattacharya [39] fizeram um resumo do comportamento vibratório do fio e desenvolveram a equação de vibração fio-ferramenta para investigar os efeitos da vibração do fio, influenciada pelas descargas de impulsos e pela tensão do fio. Os autores previram que quanto maior for a altura da peça de trabalho, maior será a amplitude de vibração do fio. Os autores concluíram que uma maior tensão do fio e uma densidade adequada de descargas de faíscas devem ser empregues na maquinagem de precisão. Tani et al. [40] efectuaram experiências em cerâmicas de nitrato de silício com 10 mm de espessura. Os autores observaram taxas de maquinação muito baixas e quebras frequentes do fio e determinaram os parâmetros de maquinação óptimos.

Yan e Fang [41] aplicaram um algoritmo genético baseado em controlo lógico difuso no sistema de transporte de fio, utilizando fio de 70um de diâmetro através do sistema de transporte, reduzindo a quebra e a vibração do fio. Kinoshita et al. [42] analisaram o processo de corte e discutiram o fenómeno de micro curto-circuito relacionado com a velocidade do fio e a taxa de avanço sobre a faísca e a taxa de avanço da ferramenta. Os autores desenvolveram um modelo, com o qual se pode calcular a centelha relacionada com a velocidade de avanço, a tensão do fio e a velocidade do fio. Dauw et al. [43] realizaram experiências para analisar a vibração do fio e avaliaram o efeito do dielétrico para amortecer as vibrações. Kinoshita et al. [44] desenvolveram um método de medição para encontrar a área de vibração do fio e o raio do canto e concluíram que uma tensão baixa do fio é mais adequada para a maquinagem de cantos.

Ivano et al. [45] propuseram um sensor ótico de posição do fio na zona de maquinagem. Este sensor mede continuamente a direção da posição do fio e controla-a, melhorando também a precisão dos cantos. Luo [46] trabalhou sobre a rutura do fio e referiu que uma maior velocidade de corte exige uma maior tensão do fio para manter o mesmo pequeno erro de arco. A correlação entre vários parâmetros, incluindo cargas, propriedades dos materiais e parâmetros geométricos, é determinada e o seu efeito na resistência do fio é derivado quantitativamente. Rao [47] explicou as variações de rutura do fio durante a maquinagem de grafite e carboneto de tungsténio. A investigação revela que o desgaste do fio é muito maior no carboneto de tungsténio do que na grafite. Este facto pode dever-se à elevada temperatura de fusão do carboneto de tungsténio. Kruth et al. [48] realizaram experiências em aço perlítico utilizando fios de cobre revestidos e fios de molibdénio com 0,1 mm de diâmetro. Os autores concluíram que a velocidade de corte é melhorada com a espessura do revestimento do fio. Os fios revestidos com molibdénio-grafite apresentaram melhores resultados do que os de tungsténio. Os autores sugerem o uso de fios com revestimento de fosfato na maquinação de aço.

Dauw e Albert [49] descreveram a evolução da WEDM por ordem cronológica e os seus

aspectos metalúrgicos nos parâmetros de maquinação, tais como velocidade de corte, precisão, custo, etc. Os autores concluíram que os fios revestidos aumentam o acabamento das superfícies maquinadas. Os fios macios são preferidos para cortes cónicos, uma vez que vibram menos. Os fios de alta resistência à tração são úteis para cortes de alta precisão. Kozak, et al. [50] efectuaram experiências em material de nitrato de silício de baixa condutividade com fios revestidos a prata e sugeriram a utilização de fios revestidos a prata na maquinagem de material de nitrato de silício para obter uma melhor velocidade de corte. Klocke et al. [51] efectuaram experiências com fio de tungsténio ultrafino com elevada resistência à tração e temperatura de fusão e fio de aço revestido a latão. Foi projectada e construída uma instalação especial para utilizar fios de 20 e 25 uni numa máquina existente que pode utilizar fios até 30 um. Mingqi et al. [52] investigaram a variação na regularidade do fio-eletrodo através de análise experimental e sugeriram algumas medidas correspondentes para estabilizar a forma e a posição do fio-eletrodo no processo de maquinagem WEDM-High Speed. Kruth et al. [53] utilizaram novos fios compósitos com um núcleo de alta resistência à tração e vários revestimentos. A utilização de um núcleo de tração muito elevada, a aplicação de uma camada que impede que o calor do processo enfraqueça o núcleo do fio e a presença de um revestimento superior superficial com diferentes funções possíveis são tentadas. Os resultados obtidos durante o corte com fios protótipos mostram que é alcançado um aumento significativo da precisão, especialmente no corte de cantos, enquanto a taxa de corte está a um nível comparável ao dos fios de referência comerciais.
Yang et al. [54] aplicaram o método de alimentação por indução eletrostática à WEDM para eliminar a influência da capacitância parasita nos circuitos, minimizando assim a energia de descarga para realizar a micro-WEDM. As investigações são feitas sobre as propriedades de micro-usinagem da WEDM utilizando o método de alimentação por indução eletrostática, usando ar e óleo como dieléctricos de trabalho. Obteve-se com sucesso uma micro-fenda de 32,4pm de largura e um micro-feixe de 3,8pm de largura e 100pm de comprimento. Além disso, a alimentação sem contacto de corrente eléctrica ao elétrodo de fio foi realizada com êxito fazendo deslizar o elétrodo de fio sobre uma folha de Teflon de 30 cm de espessura laminada num elétrodo de alimentação de placa metálica. Liao et al. [55] utilizaram uma máquina com a melhor rugosidade superficial de *R* a 0,7pm após o processo de acabamento. A fim de obter uma boa rugosidade superficial, o circuito tradicional que utiliza baixa potência para a ignição é modificado também para a maquinagem. A melhoria é limitada porque o processo de acabamento se torna mais difícil devido à ocorrência de curto-circuito atribuído à deflexão e vibração do fio quando a energia é gradualmente reduzida. Yan e Shiu [56] aplicaram um controlador combinado de dois graus de liberdade e um observador de perturbações concebido para um sistema de controlo de movimento de transmissão direta acionado por motores síncronos lineares de ímanes permanentes (PMLSM). É proposto um controlador de avanço recentemente concebido para reduzir os erros de seguimento com base num modelo inverso do sistema de acionamento direto. Os resultados experimentais indicam que o controlador proposto pode atingir uma elevada precisão de contorno de 70,3 pm e proporcionar rejeição de perturbações e robustez.

2.4 Carga térmica no elétrodo de fio

Hirmath e Mishra [57] formularam o modelo térmico preliminar para avaliar a carga térmica no fio. A influência de vários parâmetros de maquinagem na distribuição da temperatura no fio é explicada. Os autores expressaram que a estabilidade do fio é menor e a rutura é frequente com potências de entrada mais elevadas. Os autores opinaram que, com entradas de energia mais elevadas, ocorrerão temperaturas elevadas no fio, deteriorando a sua resistência à tração final e provocando rupturas. Além disso, a MRR não será estável. Os autores concluíram que uma potência de entrada moderada é melhor para um corte áspero ou mais rápido e também para um compromisso entre a tensão e a velocidade do fio. Banerjee et al. [58] desenvolveram um modelo simples de elementos finitos para determinar a distribuição da temperatura ao longo do fio. As experiências são conduzidas variando a potência de entrada (50-300W), o tempo de impulso (10-200ps), a velocidade do fio (0,5-10m/min) e o diâmetro do fio (0,1-0,3mm). Os autores observaram que os níveis de temperatura aumentam nas zonas do canal de descarga com o aumento da potência de entrada e também têm o mesmo efeito com o tempo de impulso. Os autores verificaram que o efeito da velocidade do fio na temperatura é insignificante. Os autores previram que quanto menor for o diâmetro do fio, maior será a densidade de potência, o que conduz a uma maior carga térmica e à rutura do fio. Rajurkar e Wang [59] relataram o desenvolvimento de um monitor de frequência de faíscas em WEDM para detetar a carga térmica e controlar em linha a rutura do fio. Os fenómenos de rutura do fio são também analisados com um modelo térmico. Foi realizada uma extensa investigação experimental para determinar os desempenhos do processo, tais como a taxa de maquinação e o acabamento da superfície com parâmetros de controlo globais. A relação entre a taxa de maquinação e o acabamento da superfície sob configurações óptimas da máquina foi determinada através de um modelo multi-objetivo.

2.5 Otimização paramétrica

Nesta secção, os autores trabalham na maquinagem de alguns materiais ferrosos, como o aço para ferramentas DC53 de 27 mm de espessura, o aço para ferramentas SKD 11, o aço X210 Cr 12 de 17,3, 25, 34 mm, o aço inoxidável de 10, 15 mm de espessura, En8, En31, o aço AISI 420 de 31,5 mm, materiais não condutores, cerâmicas como o carboneto sinterizado, o diamante policristalino, o sailon, o nitreto de boro, o nitreto de silício e materiais não ferrosos de 5 mm de espessura, como o cobre, o latão, o alumínio, a grafite e o carboneto de tungsténio. Os autores avaliaram os parâmetros óptimos de maquinagem para maximizar o MRR e o acabamento da superfície. Hadda e Tehrani [60] conceberam as suas experiências utilizando a matriz L18 de Taguchi e realizaram operações de torneamento por descarga eléctrica com fio em aço AISI D3. Efectuaram uma análise de regressão e determinaram os valores óptimos do tempo de ignição e da velocidade de rotação do elétrodo para obter uma taxa de remoção de material mais elevada e melhores valores de rugosidade da superfície.

Kanlayasiri e Boonmung [61&62] optimizaram os parâmetros que afectam o acabamento da superfície, para a maquinagem do aço para ferramentas DC53 de 27mm de espessura, utilizando fio de 0,25mm de diâmetro, através do desenho de experiências com o método Taguchi. Os autores desenvolveram um modelo matemático de otimização para prever os valores e os erros da rugosidade da superfície. O modelo desenvolvido apresentou um erro máximo de 30%.

Ali MOARREFZADEH [63] estabeleceu as relações matemáticas entre os parâmetros de entrada e de saída da electroerosão utilizando o método de regressão e selecionou o melhor conjunto de modelos. O algoritmo genético é então utilizado para determinar de forma óptima os níveis dos parâmetros de entrada, a fim de obter qualquer conjunto de saídas desejado. É feita a simulação numérica do processo no software ANSYS para obter o perfil térmico, o efeito da variação dos parâmetros no campo da temperatura e a otimização do processo. Os resultados numéricos mostram que as distribuições dependentes do tempo da pressão do arco, da densidade da corrente e da transferência de calor na superfície da peça de trabalho são

diferentes das distribuições gaussianas presumidas em modelos anteriores
Mohammadi et al. [64] efectuaram 54 experiências de torneamento de precisão. A ANOVA é utilizada para analisar o efeito dos parâmetros de entrada na resposta. Os autores consideraram a potência, o tempo de ignição, o tempo de desativação, a velocidade do fio, a tensão do fio, a velocidade do fio e a velocidade de rotação como parâmetros e a taxa de remoção de material como resposta. Os autores desenvolveram relações matemáticas para determinar a taxa de remoção de material. Haddad e Tehrani [65] efectuaram operações de torneamento utilizando a matriz ortogonal L18 no aço DIN X210 Cr 12. Os autores derivaram um modelo matemático para a determinação da taxa de remoção de material e o seu efeito na rugosidade superficial e na circularidade da superfície maquinada. A velocidade de rotação da matriz, a potência e o tempo de desativação do impulso têm um efeito significativo na taxa de remoção de material. Tarng et al. [66] optimizaram os parâmetros de corte para obter um melhor desempenho de corte utilizando uma rede neural de avanço através do algoritmo de recozimento simulado. Os parâmetros do processo considerados para a otimização são a espessura da peça de trabalho, o material, o tempo de ignição, o tempo de desativação, a corrente de maquinagem, a tensão e a capacitância na velocidade de corte e na rugosidade da superfície como resposta. Os autores maquinaram aço inoxidável SUS 304 com espessuras de 10 e 15 mm. Os valores optimizados previstos são:
Para trabalhos com 10 mm de espessura: Valor Ra 16,1 uni, velocidade de corte 1,63mm/min
Para trabalhos com 15 mm de espessura: Valor Ra 1,65um, velocidade de corte 1,65mm/min
Jesudas et al. [67] desenvolveram um modelo matemático utilizando a análise de Taguchi para otimizar os parâmetros de maquinagem do compósito de matriz metálica de liga de bronze-alumina. A matriz ortogonal L9 é utilizada para o projeto. A ANOVA é aplicada para encontrar a velocidade dos parâmetros óptimos derivados. Rajurkar e Wang [68] realizaram experiências com peças de diferentes espessuras e desenvolveram um sistema de controlo adaptativo que monitoriza e controla a frequência das faíscas de acordo com a identificação em linha da espessura da peça. Lok e Lee [69] maquinaram 10 amostras de material Sailon, com 40 mm de espessura, em condições pré-definidas, e avaliaram a MRR em 4,5-6,0 mm^3 /min. Os autores compararam a taxa de maquinação do Sailon com a do aço SKD11 e concluíram que a maquinabilidade do Sailon é fraca. Foi também revelado que a taxa de remoção de material aumentava com o aumento da corrente de maquinagem até certo ponto e depois diminuía. Kuriakose e Shunmugam [70] conceberam as experiências utilizando a matriz L18 de Taguchi e realizaram-nas em material Ti6A14V com fio revestido de latão de 0,25 mm de diâmetro em condições predefinidas, 80 V, corrente de maquinagem de 8-12 A, tempo de impulso de 4-8us. A formação de óxidos foi observada devido à geração de altas temperaturas, tensões de nível macro e micro induzidas durante o processo. Os autores observaram que quando o tempo entre dois impulsos é maior, ocorre um arrefecimento e um aquecimento não uniformes e sugeriram o fio revestido como elétrodo do ponto de vista metalúrgico.

Calyk e Qayda [71] apresentaram uma investigação experimental das caraterísticas de maquinagem do aço ferramenta AISI D5 no processo de maquinagem por descarga eléctrica com fio. Durante as experiências, parâmetros como a tensão de circuito aberto, a duração do impulso, a velocidade do fio e a pressão do fluido dielétrico foram alterados para explorar o seu efeito na rugosidade da superfície e na estrutura metalúrgica. Foram utilizados ensaios de microscopia ótica e eletrónica de varrimento, rugosidade da superfície e microdureza para estudar as caraterísticas dos espécimes maquinados e verificou-se que a intensidade da energia do processo afecta a quantidade de refundido e a rugosidade da superfície, bem como a microfissuração, enquanto a velocidade do fio e a pressão do fluido dielétrico não parecem ter grande influência. Kadam e Basu [72] realizaram experiências em aço HC-HCr de 17,3 mm de espessura com fio de 0,25 mm de diâmetro, variando o fator de serviço, a corrente de maquinação e a velocidade do fio. Os autores optimizaram a velocidade de corte e a rugosidade da superfície e desenvolveram equações matemáticas utilizando a análise de regressão. Rao et al. [73-76] estudaram o efeito dos parâmetros do processo nos critérios de rendimento da maquinagem de diferentes materiais não ferrosos e desenvolveram correlações matemáticas para avaliar os parâmetros. Kuriakose et al. [77] maquinaram uma liga de titânio de 40 mm de espessura com fio de latão revestido a zinco, com 0,25 mm de diâmetro, em condições de maquinação predefinidas: tensão de 80 V, corrente de maquinação de 8-16 A, velocidade do fio de 8-10 m/min, tensão do fio de 1-1,2 kN, optimizando os parâmetros de maquinação, a velocidade de corte e a rugosidade da superfície, utilizando a técnica de extração de dados.

Kuriakose e Shunmugam [78] explicaram que a influência dos parâmetros de corte na velocidade de corte e no acabamento superficial é bastante oposta. Os autores desenvolveram uma relação entre as variáveis de entrada e de saída utilizando um modelo de regressão múltipla e o algoritmo genético de ordenação não dominada é utilizado para otimizar os objectivos múltiplos. Os autores consideraram como parâmetros a tensão, a corrente de maquinagem, os tempos de ativação e desativação da faísca, a velocidade do fio, a tensão do fio, a pressão de injeção e a altura da peça de trabalho e determinaram o seu efeito na velocidade de corte e no acabamento da superfície. As experiências com a liga de titânio Ti6A14V de 60mm de espessura produziram uma velocidade de corte de 0,9735mm/min e uma rugosidade superficial de 3,2p.m como óptima. Hewidy et al. [79] observaram que a seleção correta das condições de maquinagem é o aspeto mais importante nos processos relacionados com a WEDM do material Inconel 601. O trabalho destaca o desenvolvimento de modelos matemáticos para correlacionar as inter-relações de vários parâmetros de maquinagem WEDM do material Inconel 601, tais como: corrente de pico, fator de serviço, tensão do fio e pressão da água na taxa de remoção de metal, taxa de desgaste e rugosidade da superfície.

Prakash e Ranganath [80] maquinaram materiais En8, En31 e HC-HCr e analisaram os dados para otimizar os parâmetros de avaliação dos valores de MRR e rugosidade da superfície. Kannan et al. [81] realizaram experiências com aço OHNS de 30 mm de espessura. Os autores conceberam as experiências com o método de Taguchi, matriz ortogonal L8, 7 parâmetros e 2 níveis. Os resultados experimentais foram analisados por ANOVA para condições óptimas, tais como rugosidade superficial mínima e velocidade de corte máxima. Mohammadi et al. [82] utilizaram a WEDM para a maquinagem de formas cilíndricas precisas em materiais duros e difíceis de maquinar. A análise da relação sinal/ruído (*S/N*) é utilizada para encontrar as condições óptimas.

2.6 Sistemas adaptativos

Hana et al. [83] procuraram simular o movimento relativo entre a trajetória do elétrodo de fio e a trajetória do NC no corte em desbaste na WEDM. Os resultados experimentais e teóricos foram comparados e considerados consistentes. Os autores sugeriram a previsão do valor do canto por simulação e, consequentemente, foi desenvolvido um programa de trajetória. Levy [84] descreveu a evolução do desempenho da maquinagem WEDM desde a sua introdução em 1969 até à data. Com a utilização da fonte de alimentação de relaxamento controlado em

1974 até à 3rd geração de fonte controlada por impulsos (1977), o desempenho melhorou enormemente. Com a introdução da fonte de alimentação de 4th geração, é possível efetuar cortes 3D e cortes cónicos e a velocidade de corte aumentou seis vezes. Fujun et al. [85] utilizaram a técnica de simulação por computador para iniciar o processo de corte. É desenvolvido um modelo matemático utilizando uma equação de movimento do sistema de maquinagem. Hang et al. [86] conceberam uma forma de identificação da corrente através da aplicação de um poderoso sistema de controlo adaptativo de alimentação servo sem circuito de realimentação que pode identificar em linha a taxa de erosão instantânea e o intervalo de descarga instantâneo. Os autores opinaram que o sistema desenvolvido é útil na identificação rápida, exacta e completa, de modo a seguir claramente o estado da maquinagem e a alimentar de forma estável, especialmente quando a peça de trabalho tem uma espessura variável.

Snoeys et al. [87] desenvolveram um sistema baseado no conhecimento para a WEDM. Os autores desenvolveram um sistema pericial para diagnóstico de falhas e assistência ao operador. Este sistema permitiu a monitorização e o controlo do processo, utilizando um parâmetro de probabilidade de rutura. Kruth et al. [88] sugeriram um processador tecnológico e um planeador de processador para a programação de máquinas controladas por NC. O processador é capaz de executar cálculos especiais, tais como correcções da trajetória da ferramenta para melhorar a precisão geométrica ao cortar pequenos filetes e cantos afiados. Ho K.H. e Newman S.T. [89] analisaram o trabalho de investigação realizado desde o início até ao desenvolvimento da investigação sobre EDM para afundamento de matrizes, no que se refere a medidas de desempenho, otimização das variáveis do processo, monitorização e controlo do processo de faísca nos últimos anos. Os autores delinearam as tendências para a investigação futura.

Com base na revisão da literatura, entende-se que os autores consideraram os valores das definições da máquina, como a tensão do fio, a velocidade do fio, o diâmetro do fio, o material do fio e a condutividade dieléctrica, como se segue.

Tensão de abertura:	80V
Diâmetro do fio:	0,25 mm
Tensão do fio:	80N
Velocidade do fio:	4,7 m/min
Condutividade dieléctrica:	48 mho
Pressão de lavagem:	1,5kN/mm^2
Faísca a tempo:	5 nós

Herreroa, L et.al[90] analisou os erros que aparecem quando se aplica EDM de fio fino (00,03 mm) à maquinação de componentes de 3 mm de altura feitos de carboneto de tungsténio, o autor apresentou as dificuldades que são encontradas quando se tenta caraterizar os erros em componentes pequenos. É apresentada uma possível abordagem de análise de erros e, em seguida, os erros são discutidos.

Herreroa, S. Azcaratea [91] expõe a análise teórica de alguns aspectos da WEDM fina que reduzem a precisão do processo em termos de ranhura mínima maquinável ou de sobre/subcorte de cantos. As dimensões reduzidas do elétrodo e a potência reduzida em relação ao processo normal causam uma influência diferente nas variáveis do processo e contribuem para obter informações complementares sobre o processo WEDM. As diferentes componentes de força que contribuem para a deformação do fio são discutidas e algumas delas são analisadas de um ponto de vista teórico, apresentando cálculos analíticos para avaliar a sua magnitude esperada e apontando as dificuldades em obter uma caraterização experimental de cada fenómeno

Mohd Ahadlin Mohd Daud[92] investigou o efeito do corte por descarga eléctrica de fio (wire-EDM) na resistência à fadiga de uma liga de magnésio AZ61 extrudida à temperatura ambiente. O estado da superfície das amostras após o processo de corte por fio-EDM é comparado com as amostras que foram submetidas a um polimento cuidadoso das suas superfícies. Realizou-se uma série de ensaios de fadiga de alto ciclo nas amostras cortadas por EDM e polidas com tensão de amplitude constante a uma frequência de 10 Hz. Foram realizadas análises fractográficas nas amostras ensaiadas para identificar o mecanismo de fratura por fadiga. Os resultados mostram que o limite de fadiga dos espécimes cortados por EDM a fio é 20 MPa inferior ao dos espécimes polidos suavemente. Verificou-se que as fissuras de fadiga se iniciam e se propagam até à rutura final a partir de um poço de corte nos espécimes cortados com fio EDM

CAPÍTULO 3

CARACTERÍSTICAS DO WEDM

As caraterísticas da maquinagem por WEDM são complexas e exigem uma compreensão alargada do processo. Os aspectos operacionais, desde a fase de geração de faíscas até à fase de conclusão do processo de remoção de metal, através do controlo eficaz dos vários parâmetros, são essenciais. A Fig.3.1 mostra a máquina ELCUT 334 utilizada para a experimentação.

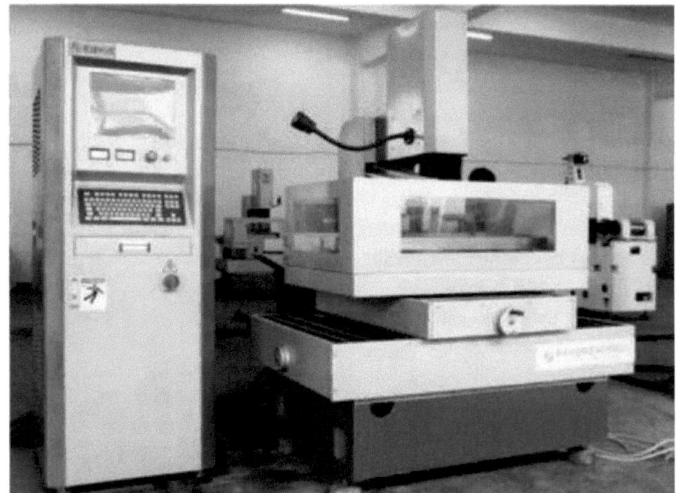

Fig. 3.1 Fotografia da máquina de corte longitudinal CNC ELCUT 334

(Cortesia: Ratna tools, Jeedimetla, Hyderabad, AP, Índia)

Os elementos de hardware da máquina WEDM utilizada no presente trabalho consistem na unidade de acionamento do fio, no subsistema de alimentação dieléctrica, na unidade de alimentação e no subsistema de posicionamento. A integração dos vários subsistemas da máquina CNC WEDM principal utilizada está representada na fig. 3.2.

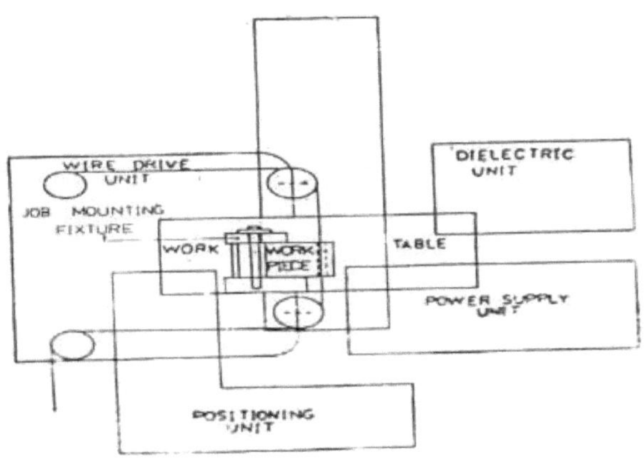

Fig. 3.2 Integração de sub-sistemas na WEDM

(Cortesia: Electronica WED- ELCUT 334 M manual, Pune, Índia)

3.1 Sub-sistemas em CNC WEDM

Os sub-sistemas da CNC WEDM são descritos nas secções seguintes.

3.1.1 Sub-sistemas mecânicos em WEDM CNC

Os subsistemas mecânicos envolvidos na WEDM CNC utilizados no presente trabalho experimental são os seguintes

i) Câmara principal de maquinagem, incluindo mesa de trabalho e cabeça de trabalho
ii) Unidade de acionamento do fio para alimentação do fio
iii) Sistema de alimentação dieléctrica
v) Unidade de alimentação eléctrica.

3.1.2 Sub-sistema elétrico e eletrónico de cinemática em WEDM

O sistema elétrico e eletrónico desempenha um papel vital na criação de qualquer forma complexa com um elevado grau de precisão dimensional e um bom acabamento superficial. Os elementos de controlo do sistema elétrico provocam o acionamento das corrediças e outras cinemáticas utilizadas para o funcionamento dos diferentes elementos com precisão. As várias unidades envolvidas neste sistema são:

a) Subsistema de alimentação eléctrica
b) Subsistema de posicionamento
c) Unidade de controlo da máquina principal
d) Unidade de alimentação eléctrica para geração de faíscas
e) Unidade de controlo do funcionamento da máquina
f) Sistema de servo controlo baseado no controlo de alimentação em WEDM.

3.1.3 Unidade de controlo da operação de maquinagem

Na unidade de controlo da operação de maquinagem, são controlados os parâmetros de maquinagem, tais como a tensão da fenda, a sensibilidade, o tempo de ativação, o tempo de desativação e a corrente de maquinagem.

3.2 Caraterísticas operacionais da WEDM

O sistema WEDM envolve vários componentes e subcomponentes de maquinagem, como se mostra na fig. 3.3, que actuam nas várias fases de funcionamento do sistema, desde a fase inicial de geração de faíscas, passando pelas várias definições paramétricas, até à fase final de acabamento dos produtos. Os vários componentes cinemáticos e cinéticos envolvidos num sistema WEDM típico são apresentados na fig. 3.3.

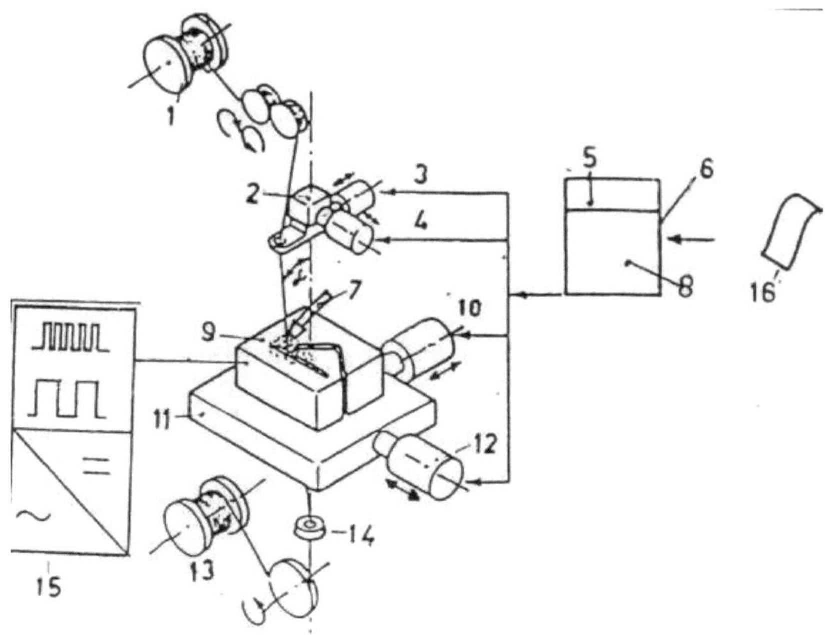

1. Bobina de recolha do fio 2. Guia superior do fio 3. Acionamento do eixo V 4. Acionamento do eixo U 5. CPU 6. Computador 7. Sistema dielétrico 8. Unidade de controlo 9. Peça de trabalho 10. Acionamento do eixo Y
11. Mesa de trabalho 12. Acionamento do eixo X 13. Bobina de alimentação do fio 14. Guia inferior do fio 15. Fita

Fig. 3.3 Caraterísticas da WEDM para corte cónico

(Cortesia: Electronica WED- ELCUT 334 M manual, Pune, Índia)

O sistema WEDM é composto por uma mesa de trabalho principal designada por mesa X-Y, na qual a peça de trabalho é fixada, uma mesa auxiliar designada por mesa U-V e o subsistema de acionamento do avanço do fio. A mesa principal desloca-se ao longo dos eixos X e Y, em passos geralmente de 1 um, enquanto a mesa U-V também se desloca, em passos de 1 uni.

Um fio em movimento que é continuamente alimentado a partir de um carretel de alimentação de fio e rebobinado num carretel de recolha move-se através da peça de trabalho e é suportado sob tensão entre um par de guias de fio que estão localizados em lados opostos da peça de trabalho. A guia de fio inferior é estacionária, enquanto a guia de fio superior, que é suportada pela mesa U-V, pode ser deslocada transversalmente, ao longo dos eixos U e V, em relação à guia de fio inferior. A guia de fio superior também pode ser posicionada verticalmente ao longo do eixo, deslocando o braço vertical por meio de um motor ligado aos 3 eixos.

Os elementos que exigem grande atenção para um funcionamento eficaz da WEDM são apresentados a seguir.

a) Elétrodo (ou ferramenta)

A ferramenta ou o fio elétrodo, que serve de cátodo ou terminal negativo do sistema de alimentação de corrente contínua, é utilizado para remover ou cortar material de uma peça em bruto para gerar produtos com a forma e o tamanho pretendidos na WEDM.

b) Fluido dielétrico

Um fluido inicialmente não condutor que se decompõe a uma determinada tensão de rutura elevada para se tornar polarizado, permitindo a passagem de electrões para a iniciação de faíscas, é designado por fluido dielétrico. Normalmente, a água desionizada é o fluido dielétrico mais eficaz utilizado na WEDM para uma maquinação bem sucedida do produto.

c) Centelha

Um intervalo de maquinação muito pequeno que é necessário manter entre o elétrodo e a peça de trabalho para que a descarga de faísca ocorra é chamado de intervalo de faísca. Dois tipos de centelhadores são observados em WEDM e são os seguintes.

A distância entre a superfície do elétrodo e a superfície da peça de trabalho, perpendicular ao eixo de penetração, é designada por centelha lateral. Esta distância pode ser de 30 a 120 p.m.

ii) Centelhador frontal

A distância entre o elétrodo e a superfície da peça de trabalho na direção de penetração do trabalho é designada por centelha frontal.

A Fig. 3.4 mostra os componentes de um centelhador em operação WEDM.

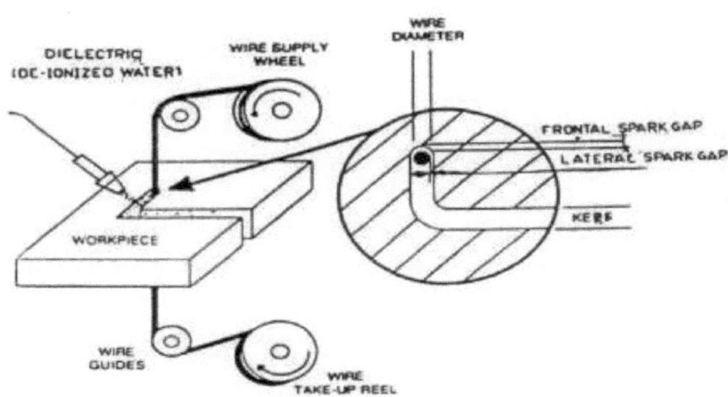

Fig. 3.4 Lacunas de faísca na WEDM

(Cortesia: Electronica WED- ELCUT 334 M manual, Pune, Índia)

d) Lavagem

É o fenómeno de circulação do fluido dielétrico entre a peça a trabalhar e o elétrodo.

e) Descarga de faíscas

É o efeito da aplicação da alta tensão que provoca a rutura da coluna de fluido dielétrico no centelhador durante um impulso para permitir a passagem da corrente e gerar faíscas eléctricas subsequentes entre o elétrodo de fio e a peça de trabalho na menor distância de aspereza do caminho. A tensão através do centelhador durante o período de descarga é designada por tensão de descarga/centelhador, enquanto a corrente que flui através do centelhador durante uma faísca ou impulso é designada por corrente de descarga ou de maquinagem. No entanto, dependendo da potência máxima ou de cada transferência de energia durante a faísca, o colapso das faíscas na superfície da peça de trabalho cria o desenvolvimento sucessivo da zona de faíscas durante a operação de maquinagem devido a partículas de metal erodidas e resíduos resultantes da fissuração térmica. A Figura 3.5 mostra o faiscamento durante a maquinagem.

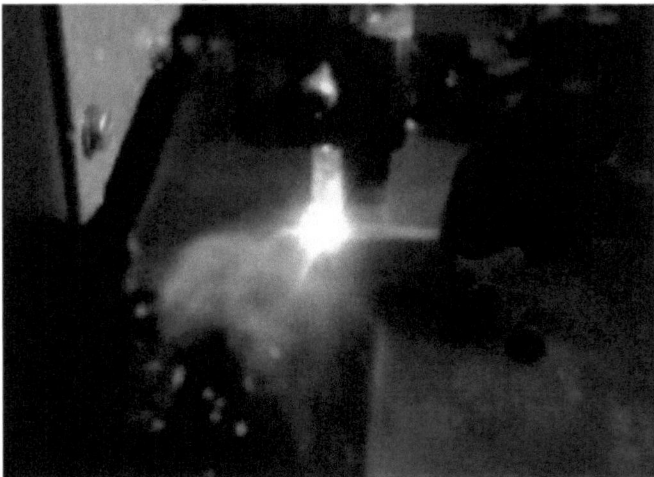

Fig. 3.5 Faíscas durante a maquinagem

f) Tempo de atraso

É o tempo decorrido entre a aplicação da tensão e a geração da faísca.

g) Ionização

O fenómeno em que o centelhador se torna condutor sob o efeito de alta tensão durante a descarga é designado por ionização.

h) Deionização

A transição do centelhador de uma condição condutora (i.e. ionização) para uma condição não condutora no final de cada descarga é designada por desionização.

i) Tempo de descarga (tempo de ativação)

É o período de tempo durante o qual a corrente flui através do centelhador durante cada faísca.

j) Tempo de intervalo (tempo de desativação)

É o período de tempo entre impulsos sucessivos, durante o qual a corrente pára de fluir e ocorre a desionização no centelhador e também ocorre o efeito de arrefecimento no centelhador.

k) Frequência de impulsos

O número de impulsos que ocorrem por segundo no intervalo WEDM é designado por frequência de impulsos.

l) Tempo de impulso

A duração do impulso de tensão aplicado entre o elétrodo e a peça de trabalho é designada por tempo de impulso. É a soma do tempo de descarga e do tempo de atraso.

m) Curto-circuito

O curto-circuito é o contacto físico entre o elétrodo e a peça de trabalho.

n) Desgaste do elétrodo

A remoção de material da superfície do elétrodo de arame é designada por desgaste do elétrodo.

p) Acabamento da superfície

A rugosidade da superfície maquinada é a indicação das micro-irregularidades da superfície que são medidas em ângulo reto com a direção de assentamento, utilizando a superfície Taly.

3.3 Caraterísticas de corte com WEDM

A WEDM está equipada com um sistema de corte de aparas. O corte de acabamento é uma operação em que o elétrodo de arame volta a traçar o mesmo caminho depois de terminado o primeiro corte. Esta operação remove muito pouco material sem afetar a dimensão nominal e melhora

i) precisão dimensional
ii) perfeição geométrica, e
iii) acabamento da superfície

São também utilizados cortes de acabamento múltiplos para uma maior precisão na maquinagem de trabalho.

3.4 Funcionalidade de controlo do processo no WEDM

O posicionamento exato do trabalho nas coordenadas cartesianas e polares é muito importante para o fabrico de um produto em WEDM. O sistema de controlo numérico computorizado (CNC) adaptado é tão versátil que pode ser facilmente programado para interpolações de trajectórias lineares e circulares e tem uma alta resolução para um controlo preciso do posicionamento das lâminas.

As máquinas de corte a fio CNC de descarga eléctrica estão equipadas com um sistema de controlo de retorno em circuito fechado com dois componentes adicionais

i) Dispositivo de comparação
ii) Dispositivo de controlo de feedback

ii.5 Função de compensação da abertura da faísca e do diâmetro do fio

Em WEDM, a distância entre faíscas é uma função do material da peça de trabalho e da corrente de maquinagem e, por isso, necessita de compensação. Por conseguinte, durante a programação, o movimento real da peça em relação ao centro tem de ser programado.

ii.6 Mecanismo de remoção de metal em WEDM

A energia da faísca aquece, derrete e vaporiza o material da peça de trabalho e do fio num curto espaço de tempo e a corrente que flui através do centelhador reduz-se a zero à medida que a energia armazenada nos condensadores se esgota. O canal de plasma estabelecido entre o fio e a peça de trabalho e a descarga dieléctrica auxiliam o colapso com ação explosiva. Como o número de faíscas que ocorrem na fenda é muito elevado, a avalanche de faíscas provoca a remoção de material da peça a trabalhar. No processo WEDM, tanto o fio como a peça de trabalho sofrem erosão, mas o fio sofre menos erosão e é continuamente reabastecido. O princípio subjacente ao mecanismo de remoção de metal é explicado pelas seguintes teorias.

i) Teoria da alta pressão
ii) Teoria do campo estático
iii) Teoria das altas temperaturas

3.6.1 Teoria da alta pressão

A teoria da alta pressão (Saito) estabeleceu que a paragem súbita das ondas electrodinâmicas produz uma elevada pressão impulsiva nos eléctrodos, causando a erosão dos materiais dos eléctrodos, ou seja, da peça de trabalho e do fio. Prevê-se que a pressão da descarga eléctrica seja normalmente tão elevada como 1000 N/mm^2 e que não se verifique deformação plástica na superfície. É referido que a pressão na coluna de arco permanece entre 100 e 1000 N/mm^2 , a quantidade de material erodido é muito superior à capacidade desta pressão elevada, o que pode ser atribuído a outros factores como o calor. Assim, um outro fator como o calor pode também ser responsável pela erosão.

3.6.2 Teoria do campo estático

De acordo com a lei de Coloumb, dois eléctrodos carregados criam um campo eletrostático. Assim, com base nesta teoria, a força entre os eléctrodos produz tensão nos eléctrodos quando o intervalo é muito pequeno e a mesma cruza a tensão final do material, levando à rutura por tração devido à densidade de corrente extremamente elevada sob a superfície do ânodo, produzindo um forte gradiente de campo elétrico que actua sobre os iões positivos da rede cristalina. Esta teoria é válida quando a duração da descarga é inferior a 2 us durante os intervalos iniciais.

Para uma duração de descarga superior a 2 us, a teoria do campo estático não é válida para causar a erosão do elétrodo. Espera-se que, para além desta teoria, alguma força explosiva seja responsável pela remoção do material.

3.6.3 Teoria de alta temperatura

De acordo com esta teoria, devido ao bombardeamento de electrões de alta energia (cinética) na superfície da peça de trabalho, o ponto atinge uma temperatura muito elevada (cerca de 10.000 a 12.000^o C). Devido a esta alta temperatura localizada, o material nesse ponto derrete e vaporiza instantaneamente, criando uma cratera na superfície da peça de trabalho.

A alta temperatura não é gerada apenas pelo bombardeamento de electrões, o aquecimento pela corrente de alta densidade também é considerado como uma razão para o aumento da temperatura. A teoria da alta temperatura é muito aceite, uma vez que esta remove o máximo de material (cerca de 25 a 80%) da superfície de trabalho.

Todas as teorias anteriormente mencionadas, individualmente, não reflectem a visão exacta e realista dos fenómenos de produção de faíscas. No entanto, uma combinação óptima dos vários aspectos fenomenais envolvidos nas três teorias mencionadas anteriormente dá origem à ocorrência exacta dos fenómenos de faísca, nos quais se espera que a teoria da temperatura tenha o papel dominante.

3.7 Seleção e aplicabilidade do fio

Na WEDM, o fio elétrodo, que é a ferramenta de corte, move-se continuamente sob uma tensão predefinida e é alimentado através da peça de trabalho. O diâmetro do elétrodo varia normalmente entre 0,03 mm e 0,3 mm. Verifica-se na prática que o aumento do diâmetro do fio elétrodo provoca o aumento do raio do canto do contorno de corte na peça de trabalho. Mas o aumento do diâmetro do fio do elétrodo de arame pode fazer com que a velocidade de corte aumente.

Em princípio, qualquer material condutor de eletricidade pode ser utilizado para o elétrodo. No entanto, alguns materiais típicos dão melhores resultados com base no cumprimento de alguns dos critérios críticos da WEDM. Os eléctrodos de arame são normalmente escolhidos com base nas seguintes considerações críticas.

a) Taxa de remoção de material
b) Baixo desgaste do elétrodo de arame
c) Boa maquinabilidade

Uma pesquisa na literatura revela que os seguintes materiais são recomendados.

i) Tungsténio ii) Molibdénio iii) Cobre iv) Latão

As propriedades termoeléctricas dos materiais mais utilizados nos eléctrodos metálicos são apresentadas no quadro 3.1

Para gerar pequenos raios de canto com precisão, são preferidos os fios de molibdénio e de tungsténio.

QUADRO 3.1 Propriedades termoeléctricas dos materiais de arame normalmente utilizados

Material	Condutividade térmica W/mK	Condutividade eléctrica Mho-m	Ponto de ebulição °K	Ponto de fusão °C
Tungsténio	174	1.89×10^7	6200	3410
Cobre	385	5.88×10^7	2868	1085
Latão	110	1.25×10^7	2050	820

3.8 Papel e caraterísticas do fluido dielétrico

O dielétrico utilizado na WEDM é um isolador do fluxo de eletricidade a uma tensão normal, mas quando lhe é aplicada uma tensão elevada, o dielétrico quebra-se e permite o fluxo através dele para iniciar faíscas. A rigidez dieléctrica de um isolador ou de um meio dielétrico é a diferença de potencial máxima que uma espessura unitária do meio pode suportar sem rutura do dielétrico.

As principais funções do dielétrico são

i) Para lavar a centelha para remover os resíduos da centelha e da condensação
ii) Para arrefecer o elétrodo de arame e a peça de trabalho
iii) Para atuar como refrigerante na extinção da faísca

Os seguintes fluidos são utilizados como fluidos dieléctricos para o sistema WEDM

a) Óleo de hidrocarbonetos (querosene) (6 cst a 20° C)
b) Água destilada
c) Água da torneira
d) Trietilenoglicol diluído com 40% de água em volume

Os tipos comerciais de fluidos dieléctricos utilizados em aplicações industriais são enumerados no Quadro 3.2, juntamente com as suas propriedades.

Tabela 3.2 Fluidos dieléctricos e suas propriedades

S.N.	**Dielétrico**	**Viscosidade a 20 C° cst**	**Ponto de inflamação °C**
A	B.P. Dielétrico 250	6.0	120
B	Castro Honico 409	6.4	135
C	Querosene de aviação branca	2.0	78
D	Esso Lector 40	6.8	132
E	Esso uilyolt 64	20.0	156
F	Óleo Mobil velocite 4	9.0	118
G	Óleo móvel velocite 6	19.0	158

A água desionizada foi considerada o dielétrico mais adequado para o processo de EDM por corte de fio devido às seguintes propriedades

a) Baixo custo

b) Disponibilidade fácil

c) Melhor efeito de arrefecimento

d) Desionização rápida

A água desionizada é utilizada na WEDM para manter uma condutividade desejada (35-50mhos) do fluido dielétrico. Na prática, o dielétrico de um tanque limpo pode ser bombeado para passar através do sensor de condutividade que determinará o valor efetivo da condutividade. Se a condutividade for superior ao valor pré-definido, o dielétrico será levado a fluir no cartucho desionizador até atingir o valor de condutividade definido.

3.9 Descarga no WEDM

A circulação do fluido dielétrico entre a peça a trabalhar e o elétrodo é designada por *lavagem*. A lavagem é realizada para remover as partículas produzidas pela ação de erosão do elétrodo e da peça de trabalho.

No sistema WEDM, os dispositivos de lavagem coaxiais são fixados com guias de fio de forma a produzir uma coluna de água na zona de trabalho e o fio é passado através do centro da coluna de água. O dispositivo de lavagem coaxial permite a lavagem axial, ou seja, ao longo do eixo do elétrodo do fio, de modo a que o fio não seja sujeito a perturbações devidas ao fluxo dielétrico durante a maquinagem, sendo que a pressão da lavagem coaxial superior será suficientemente elevada para manter a centelha completamente cheia com o meio dielétrico e a lavagem inferior garante que não fica preso ar na fenda. Este método evita totalmente a submersão da peça de trabalho em água desionizada e reduz a condutividade da água desionizada na fenda, mantendo assim as condições ideais para uma centelha eficiente. Um sistema de lavagem coaxial típico é mostrado na fig. 3.6.

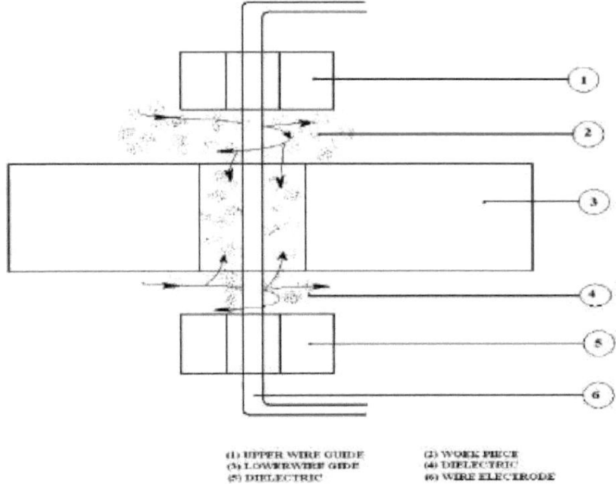

1. Guia superior do fio 2. Dielétrico 3. Peça de trabalho
4. Dielétrico 5. Guia inferior do fio 6. Elétrodo do fio

Fig. 3.6 Lavagem coaxial com dielétrico em WEDM

3.10 Fenómenos de rutura do fio em WEDM

Em qualquer máquina convencional, a ferramenta de corte tem de ser substituída ao longo de um período de tempo quando fica cega, parte-se, etc. No caso de um processo WEDM, a ferramenta de corte nunca fica cega porque o fio é continuamente reabastecido. O principal problema neste caso é a quebra da ferramenta (fio fino) durante a maquinagem devido à sua resistência e à temperatura elevada na zona de maquinagem.

Para além da perda de tempo de maquinagem, verifica-se que fica uma tira na superfície de trabalho do trabalho maquinado, o que provoca uma diminuição da precisão do perfil. Por conseguinte, é necessário analisar as causas da rutura do fio e prever medidas preventivas para evitar a rutura do fio.

A partir das observações práticas, pode concluir-se que a rutura do fio é estocástica no processo de corte em linha reta. Também foi observado que o fio se parte principalmente no canto quando a direção do percurso do fio muda em ângulo reto, mas a redução da velocidade de corte faz com que a rutura do fio diminua. Os vários aspectos que contribuem para a rutura do fio são resumidos a seguir.

i) Curto-circuito

Quando o avanço da peça de trabalho é superior à velocidade de corte, o fio entra em contacto físico com a peça de trabalho e, dependendo do valor limite de calor, o fio queima.

ii) Resistência da superfície

O fio sai da zona de maquinagem lateral devido à resistência de contacto entre o rolo sobre o qual o fio se desloca e a superfície do elétrodo de fio. Este tipo de rutura ocorre principalmente nos fios de diâmetro inferior a 0,1 mm.

iii) Carga térmica

Enquanto a operação WEDM é executada, o fio é mantido sob tensão para o manter direito e esticado de modo a atingir a precisão desejada, o que provoca tensões mecânicas no fio, sobre as quais actua a carga térmica. Esta carga térmica, devida ao aquecimento interno e ao efeito das fontes de calor superficiais causadas pela descarga repetitiva, provoca a diminuição da resistência à tração do fio. Quando a temperatura de trabalho ultrapassa o valor da temperatura crítica, verifica-se que ocorre a rutura do fio no processo WEDM.

iv) Sistema de enrolamento incorreto do fio

O processo de WEDM envolve normalmente a utilização única do fio proveniente da bobina de alimentação, passando pelas rodas do jóquei, pela peça de trabalho, pela barra de tensão e pela bobina de recolha do enrolamento. Na zona de maquinagem, o fio sofre erosão devido à descarga de faíscas, o que reduz a resistência mecânica do fio. Se o enrolamento não for suave devido a uma conceção inadequada do mecanismo de enrolamento, o elétrodo do fio parte-se obviamente.

v) Frequência de impulsos incorrecta

A rutura do fio ocorre na zona de maquinagem devido a uma frequência de impulsos inadequada e está relacionada com a duração do impulso de descarga no ponto de ignição do fio. O fator determinante para a rutura do fio na zona de maquinagem é, portanto, a frequência de impulsos.

vi) Velocidade incorrecta do fio

Outra razão para a rutura do fio é a redução da resistência mecânica do fio devido ao desgaste, que ocorre sobretudo a baixas velocidades do fio. Quando a velocidade do fio é superior, verifica-se um consumo desnecessário de fio, o que provoca um aumento do custo global de produção. A melhor velocidade do fio é de 2,5 m/min.

vii) Tensão do fio

O fio deve ser apertado entre as guias do fio com uma tensão óptima que varia entre 60-80 N, dependendo do tipo de corte. Se a tensão for elevada, ocorre a rotura do fio. Com uma tensão mais baixa, ocorre um afundamento no movimento do fio, provocando a criação de superfícies curvas.

viii) Material do fio

As fotografias do fio não utilizado e do fio utilizado após a maquinagem de peças de grafite e de carboneto de tungsténio de diferentes espessuras são apresentadas nas figs 3.7- 3.14

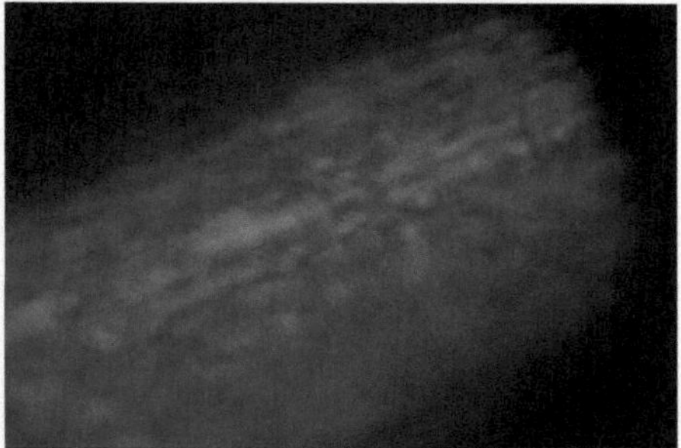

Fig. 3.7 Textura da superfície do fio não utilizado

As figuras que se seguem mostram a rutura do fio em diferentes condições quando o material HSS é maquinado com WEDM no presente trabalho.

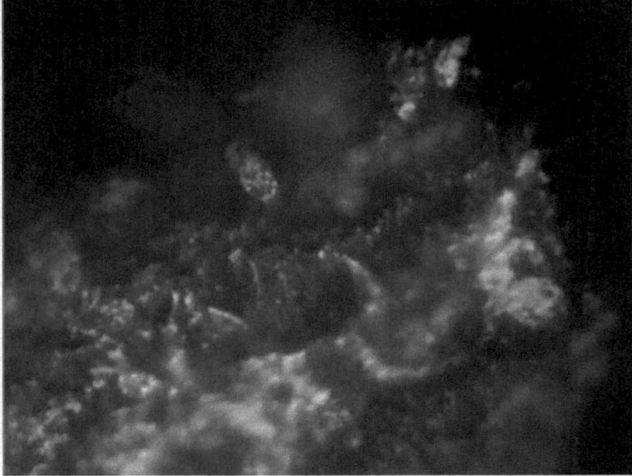

Fig.3.8 Textura da superfície do fio utilizado para cortar HSS de 20 mm de espessura

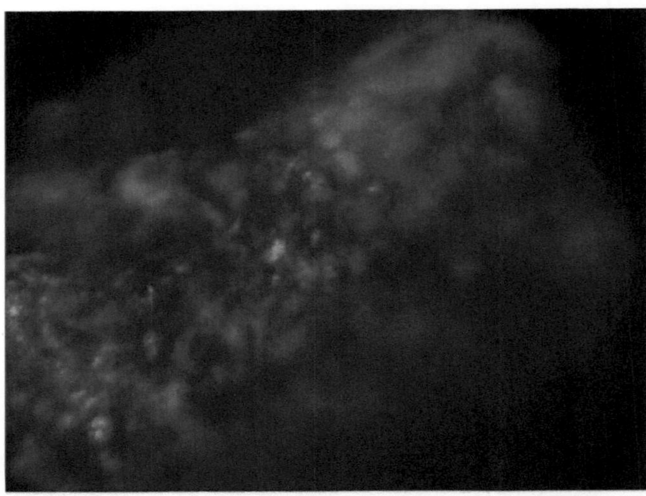

Fig. 3.9 Textura da superfície do fio utilizado para cortar HSS de 40 mm de espessura

Fig.3.10 Textura da superfície do fio utilizado para cortar HSS de 60 mm de espessura

As figuras seguintes mostram a rutura do fio em diferentes condições quando o material de aço HC-HCr é maquinado com WEDM.

Fig. 3.11 Textura da superfície do fio utilizado para cortar o aço HC-HCr com 5 mm de espessura

Fig. 3.12 Textura da superfície do fio utilizado para cortar o aço HC-HCr com 10 mm de espessura

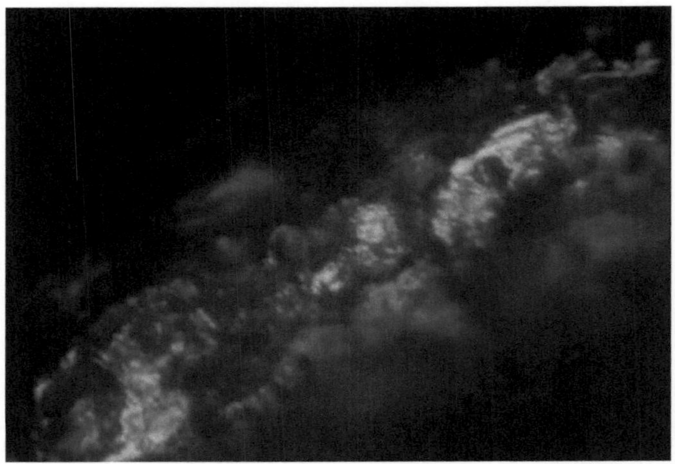

Fig. 3.13 Textura da superfície do fio utilizado para cortar o aço HC-HCR com 20 mm de espessura

Fig. 3.14 Textura da superfície do fio utilizado para cortar o aço HC-HCr com 40 mm de espessura

3.11Modelação e análise matemática

A utilização óptima do processo WEDM na prática exige uma compreensão clara das caraterísticas de maquinação do processo através da modelação matemática e da análise de algumas caraterísticas importantes do processo, como se segue:

i) Tipos de impulsos gerados na fenda de maquinagem e os seus efeitos na remoção de metal e na eficiência da maquinagem;

ii) Modelação matemática generalizada para a taxa de remoção de metal

3.12Tipos de impulsos e seus efeitos

Os impulsos de descarga na WEDM são caracterizados estatisticamente por três padrões designados por: Nominal, Deion e pulsos de descarga de arco. Os impulsos podem ser detectados por um sistema de amostragem de sinais. Analisando estes sinais, os impulsos de descarga são detectados com o nível de limiar e os dados dos impulsos, como a corrente de pico, a tensão de faísca, a corrente de descarga e a duração dos impulsos, pelo que a energia dos impulsos pode ser avaliada da seguinte forma

Energia do impulso, $W_{sp} = \int_{t1}^{t2} IV\, dt$ Eqn . (3.1)

Em que t1 = tempo de início da descarga, segundos.

t2 = tempo de fim da descarga, segundos

I = corrente de descarga, ampère

V = tensão de fenda, Volt

As caraterísticas dos vários tipos de impulsos são descritas mais adiante.

a) Grupo I ou impulsos de grau elevado ou nominal

Estes são impulsos de descarga nominais e o número de impulsos aumenta com o avanço da mesa da máquina. Esta tendência não é influenciada por qualquer tipo de material da peça de trabalho, mas sim pela fonte de alimentação. As faíscas dos impulsos ocorrem quando a tensão atinge o valor definido, dependendo das propriedades dieléctricas do WEDM. Assim, a energia necessária pode ser expressa como:

Energia = CV^2 /2Eqn. (3.2)

Onde C = capacidade do condensador, uF V = tensão, Volt

As ocorrências de impulsos são determinadas pelas condições estabelecidas, tais como a tensão e o avanço da mesa. Este tipo de impulsos é considerado como constituindo o processo de remoção de metal e a intensidade destes impulsos é maior. Como os impulsos do grupo I ocorrem num intervalo mais curto, o seu número aumenta.

b) II grupo de impulsos ou desionizado ou grupo médio de impulsos

Estes são os impulsos de descarga relacionados com a desionização. Os impulsos do grupo II são muito instáveis no que diz respeito ao número de ocorrência de impulsos e à energia, em comparação com o grupo I. A tensão da faísca é inferior à dos impulsos do grupo I. Este impulso não pode ocorrer sem o impulso do grupo I. A lacuna é preenchida com sag e carregada por iões metálicos e a descarga ocorre espontaneamente mesmo a um nível inferior ao nível da tensão de ignição. Por conseguinte, muitos impulsos do grupo I provocam a ocorrência do impulso do grupo II.

A tensão de ignição real deste impulso tem dois tipos de fator de tempo. O primeiro é o tempo de recuperação da tensão, que depende da capacidade da fonte de alimentação e da capacidade de comutação, enquanto o segundo é o tempo de desionização, influenciado pela quantidade de descaimento ou de iões metálicos carregados na fenda. Mesmo que haja muito descaimento na fenda, a recuperação da alta tensão de ignição é capaz de transformar os impulsos do grupo II em impulsos do grupo I. A corrente de ocorrência dos impulsos do grupo II, a tensão e a energia são próximas das dos impulsos do grupo I.

c) Grupo III, impulsos de arco ou impulsos de baixa energia

Este conjunto de impulsos ocorre subitamente quando o intervalo de ocorrência do impulso do grupo I é muito curto. Os impulsos produzem faíscas a uma tensão mais baixa que varia entre 0 e 15 Volts. Estes impulsos são de energia muito baixa e não efectuam qualquer maquinação. Assim, a presença destes impulsos reduzirá a taxa de remoção de metal. Na medida do possível, estes impulsos devem ser eliminados.

A eficácia da maquinagem

$\eta = f(N_n + N_d + N_a, T)$ Eqn. (3.3)

Onde N = número de impulsos de um determinado grupo num tempo de amostragem por unidade de comprimento

n = I impulsos de grupo

d = impulsos do grupo II

a = impulsos do grupo III

T = tempo de amostragem/comprimento da unidade

3.13Modelação para avaliação da taxa de remoção de metal em WEDM

A taxa de remoção de metal (MRR) na WEDM pode ser avaliada com a ajuda dos modelos matemáticos indicados abaixo.

Seja Cs = velocidade de corte, mm/min, correspondente à espessura da peça de trabalho, 't'

t = espessura da peça de trabalho, mm

Sg = Folga da faísca, mm

d_w = diâmetro do fio, mm

Então, a taxa de corte = t x Cs mm^2 /minEqn. (3.4)

A largura de corte = ($d_w + 2\ s_g$), mmEqn . (3.5)

Volume de material removido por minuto = velocidade de corte x largura de corte

= t x Cs ($d_w + 2\ s_g$), mm^3 /minEqn . (3.6)

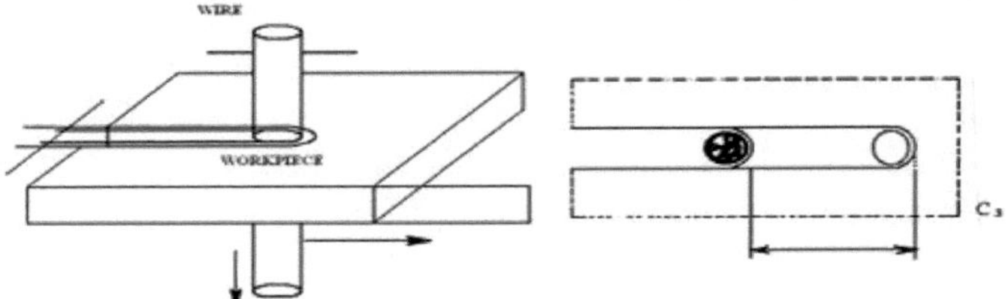

Fig. 3.15 A zona de corte do fio na operação WEDM

Com base no esquema típico de uma operação de electroerosão a quente, apresentado na fig. 3.15, a taxa volumétrica de remoção de metal (MRR) também pode ser

MRR = ($d_w + 2\ s_g$) v_f h Eqn. (3.7)

Onde, MRR = Taxa de remoção de metal, mm^3 / min

d_w = diâmetro do fio, mm

v_f = avanço da máquina, mm/min h = espessura da peça a trabalhar, mm

Sg = Folga da faísca, mm

A remoção de material na WEDM é o efeito de uma descarga de faísca eléctrica entre a peça de trabalho e o fio elétrodo. Por conseguinte, a frequência da descarga de faíscas é definitivamente um dos principais factores que têm uma maior contribuição para o MRR. Assim sendo,

MRR = 60 $v_m\ f_{sd}$ Eqn. (3.8)

Onde, v_m = volume de material removido numa única descarga, mm^3

f_{sd} = frequência de descarga de faíscas, ciclos/seg.

A partir das Eqn. 3.7 e 3.8, a expressão para o avanço de maquinagem pode ser formulada como

(dw + 2 s_g) v_f h = 60 $v_m\ f_{sd}$ Eq. (3.9)

Ou v_f= 60 $v_m\ f_{sd}$/($d_w + 2\ s_g$) h

No WEDM, o elétrodo é um fio muito fino e a peça de trabalho é sempre cortada na sua espessura total. Por isso, recomenda-se que se tenha uma ideia da taxa de maquinação em termos de área de superfície maquinada da seguinte forma:

$V_{ca} = V_f h$Eqn . (3.10)

V_{ca} = Velocidade de maquinagem, mm /min^2

V_f = Avanço, mm/min

Substituindo o avanço de maquinagem da Eqn. (3.9) na Eqn. (3.10), a expressão da taxa de maquinagem da maquinagem torna-se:

$V_{ca} = 60\ V_m f_{sd} h/(d_w + 2\ S_g)\ h$ Eq. (3.11)

$V_{ca} = 60\ V_m f_{sd}/(d_w + 2\ S_g)$ Eq. (3.12)

A remoção de metal depende da entrada de energia, ou seja, a energia por descarga e também dos parâmetros como o material da peça de trabalho, o material do fio, o dielétrico utilizado e as condições de trabalho.

A energia de descarga pode ser obtida através da tensão de pico e da capacitância do circuito R-C do gerador de impulsos utilizado na máquina WED. Assim,

$E_{pd} = CV_p^2 / 2$Eqn . (3.13)

Em que, E_{pd} = Energia por descarga, Joule

C = Capacitância, u F

V_p = tensão de pico, Volt

A remoção volumétrica de material por descarga (Vm) é proporcional à energia da descarga. Por conseguinte,

V_m a E_{pd}

ou $V_m = K1\ E_{pd}$ Eq. (3.14)

em que, K1 = constante de proporcionalidade, depende do fluido dielétrico, das condições do centelhador, dos parâmetros de fluxo do fluido dielétrico, das propriedades do material da peça de trabalho e do material do fio, etc.

Substituindo o valor de V_m da Eqn. (3.14) a Eqn. (3.9) transforma-se em

$V_f = 60\ K1\ E_{pd} f_{sd} / (d_w + 2\ S_g)\ h$Eqn . (3.15)

Substituindo a Eqn. (3.14) pela Eqn. (3.15), obtém-se

$V_f = 60\ K1\ C\ (V_p^2 /2)\ f_{sd}/ (d_w + 2\ S_g)\ h$

Ou $V_f = 30\ K1\ CV_p^2 f_{sd}/ (d_w + 2\ S_g)\ h$Eqn . (3.16)

Substituindo a Eqn. (3.14) pela eqn. (3.12), verifica-se que

$V_{ca} = 60\ K1\ E_{pd} f_{sd}/ (d_w + 2\ S_g)$ Eqn. (3.17)

Substituindo novamente a Eqn. (3.13) pela Eqn. (3.17),

A expressão da taxa de maquinagem passa a ser:

$V_{ca} = 60\ K1\ C\ (V^2 p/2)\ f_{sd}/ (d_w + 2\ S_g)$

Ou $V_{ca} = 30\ K1\ C\ V_p^2 f_{sd}/(d_w + 2\ S_g)$ Eqn. (3.18)

Ao considerar um caso particular de operação WEDM, a capacitância, o diâmetro do fio, o centelhador, a espessura da peça de trabalho, etc. permanecem constantes.

Como, K1 C $(V_p^2 /2)\ f_{sd}/ (d_w + 2\ S_g)$ também é comum na Eqn. (3.18) e na Eqn. (3.19) que é função da capacitância, da tensão, do diâmetro do fio, do centelhador, etc.

30 V_p^2 C / $(d_w + 2\ S_g)$ pode ser tomado como constante, ou seja, K_2. Assim

A Eqn. (3.16) pode ser modificada como

$V_f = K1\ K2\ f_{sd} / h$Eqn . (3.19)

e a Eqn. (3.18) também pode ser modificada como avanço de maquinagem,

$V_{ca} = K1\ K2\ f_{sd}$ Eq. (3.20)

Todas as formulações deduzidas para a avaliação da taxa de remoção de metal em WEDM também ajudarão a analisar as caraterísticas de maquinagem, bem como o controlo paramétrico que pode ser exercido para obter uma caraterística controlada da taxa de remoção de metal na prática.

CAPÍTULO 4

ESTUDOS EXPERIMENTAIS, RESULTADOS DE ENSAIOS E ANÁLISES

Foi realizada uma vasta investigação na área da EDM que constituiu a base fundamental para o desenvolvimento do processo WEDM com a substituição da ferramenta ou elétrodo pré-concebido por um fio. Basicamente, a WEDM é considerada como o desenvolvimento do processo EDM, utilizando o fio como elétrodo e a água desionizada como dielétrico. No entanto, a utilização eficaz do processo exigiu uma investigação intensiva na área para explorar a combinação eficaz dos vários parâmetros do processo. Os resultados desta investigação serão úteis para os fabricantes. Isto deve-se sobretudo ao facto de os fabricantes de máquinas WEDM terem de fornecer vários dados e informações no manual de instruções da máquina para a definição de diferentes parâmetros que satisfaçam os requisitos do processo de maquinagem na prática. Assim, a investigação na área da WEDM tem atraído a atenção significativa dos investigadores, engenheiros e utilizadores dessas máquinas para explorar a combinação eficaz ou óptima dos vários parâmetros do processo, de modo a obter caraterísticas controladas das caraterísticas multicritério do processo.

Tendo em conta todos os aspectos acima mencionados, associados ao processo WEDM, o objetivo da presente investigação foi tecido com estudos experimentais aprofundados, de modo a analisar os efeitos dos vários parâmetros do processo WEDM, como a espessura do material de trabalho, a corrente de maquinagem na velocidade de corte, a rugosidade da superfície, o centelhador e o MRR e a explorar as condições ou definições paramétricas para obter um bom controlo da maquinagem.

4.1 Esquema de experimentação

Para as observações experimentais e os estudos de investigação, é utilizada uma máquina WEDM CNC típica (modelo ELCUT-334) apresentada na fig. 4.1. Inicialmente, o fio de latão de 0,25 mm de diâmetro com 36% de zinco é escolhido como elétrodo.

Os parâmetros selecionados como pré-regulação na máquina são os seguintes

Material do fio: 36% de latão zincado

Diâmetro do fio: 0,25 mm

Tensão do fio: 80N

Velocidade do fio: 2,5 m/min

Fluido dielétrico: Água desionizada

Condutividade dieléctrica: 48 mohs

Tensão de abertura: 95(Para latão), 90(HSS), 85(Grafite), 80(Titânio, Inconel X-750, Cobre, Carboneto de Tungsténio, Alumínio, Al- MoS2 MMC), 75(HC-HCr) Volts

Fig. 4.1 ELCUT 334 CNC WEDM

(Cortesia: Ratna tools, Jeedimetla, Hyderabad, AP, Índia)

O esquema para as observações e estudos experimentais foi concebido para incluir a seguinte abordagem por etapas.

i) Está planeada a realização de experiências para analisar os efeitos da corrente de maquinagem em vários critérios de maquinagem, como a velocidade de corte, a abertura de faísca, o acabamento da superfície e o MRR para maquinar diferentes materiais como materiais da peça de trabalho, ou seja, HSS, HC-HCr, Titânio, Inconel X-750, Cobre, Latão, Grafite, Carboneto de Tungsténio, Alumínio, Al-MoS2 MMC para decidir a melhor corrente de maquinagem adequada a ser utilizada para a maquinagem.

ii) O efeito da espessura da peça de trabalho na velocidade de corte, abertura de faísca, rugosidade da superfície, MRR e corrente de maquinação para investigar sob configurações paramétricas óptimas de tensão de abertura, velocidade do fio e tensão do fio especialmente com referência aos materiais, ou seja, HSS, HC-HCr, Titânio, Inconel X-750, Cobre, Latão, Grafite, Carboneto de Tungsténio, Alumínio, Al-MoS2 MMC.

iii) Finalmente, os melhores valores paramétricos de maquinação chegam e, a partir daí, as correlações matemáticas são desenvolvidas utilizando o software ORIGIN 8.0, que pode ser útil para determinar a descarga ou a corrente de corte necessária, a velocidade de corte, a abertura de faísca e o MRR para todos os materiais da ferramenta e materiais da peça de trabalho, ou seja, HSS, HC-HCr, Titânio, Inconel X-750, Cobre, Latão, Grafite, Carboneto de Tungsténio, Alumínio, Al-MoS2 MMC testados.

4.2 Procedimento experimental para observações de ensaios

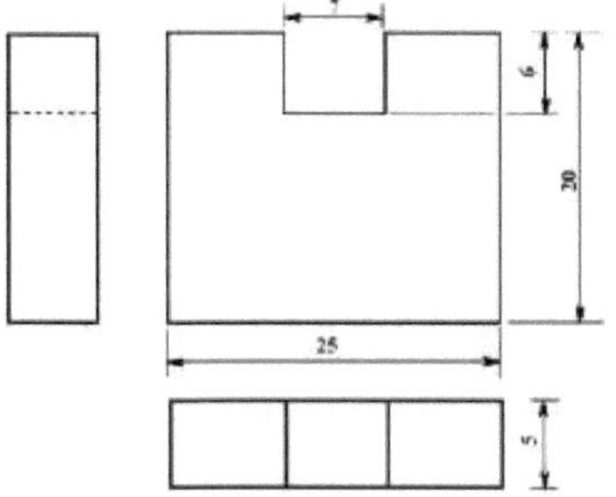

(a) TYPICAL CONFIGUATION OF THE WORK PIECE TO BE CUT BY WEDM

(a) Amostra de ensaio

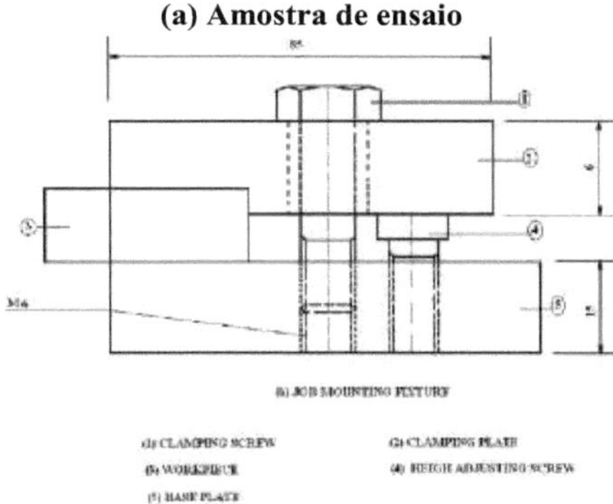

(b) Fixação

Fig. 4.2 Fixação da peça de trabalho e do trabalho

O procedimento para efetuar os vários conjuntos de observações experimentais foi concebido de forma a analisar os efeitos dos diferentes parâmetros do processo que foram mencionados no artigo 4.1. Os provetes ou peças de trabalho em bruto de dimensões 25mm x 25mm com espessuras que variam entre 5mm e 80mm em passos de 2,5mm e

Os 5 mm são preparados inicialmente com um elevado grau de precisão dimensional e outras condições técnicas, como a perpendicularidade, o paralelismo, etc., para serem colocados na máquina WEDM, de modo a poderem ser corretamente fixados no dispositivo de fixação. A Fig. 4.2(a) mostra um desenho típico de uma peça a ser maquinada por WEDM. A Fig. 4.2(a) mostra também a parte do material de trabalho a ser removida da peça por meio da máquina WEDM. A Fig. 4.2(b) mostra o dispositivo de montagem do trabalho com a peça de trabalho na posição correta. A Fig. 4.3 mostra uma fotografia do estado atual de corte de uma peça de trabalho com o dispositivo de montagem. É efectuada a programação da maquinagem das peças com a máquina CNC WEDM.

Fig. 4.3 Fotografia da peça de trabalho e do dispositivo de montagem

(Cortesia: Ratna tools, Jeedimetla, Hyderabad, AP, Índia)

A cabeça de trabalho da unidade WEDM é ajustada movendo a pena para cima e para baixo para se adaptar à altura do trabalho. A desionização do fluido dielétrico é adequadamente organizada para manter a condutividade nominal.

Uma bobina de fio-elétrodo fresco é montada na máquina e um percurso do fio-elétrodo foi concebido para unir as extremidades livres do fio da bobina de entrega e da bobina de recolha para fornecer continuamente fio-elétrodo fresco na zona de trabalho. Este elétrodo de arame é passado através de várias rodas de jóquei e barras de tensão para o manter direito à tensão nominal.

É feita uma lavagem coaxial para que a zona de trabalho fique totalmente coberta com fluido dielétrico. A lavagem é efectuada a partir da parte inferior e superior da zona de trabalho para remover os detritos. Esta disposição proporciona um melhor efeito de corte e também um fornecimento contínuo de fluido dielétrico fresco na zona de corte, com o objetivo de criar uma descarga de faísca. A tensão do fio é testada, observada e, por conseguinte, ajustada de modo a que o fio fique perfeitamente direito na zona de maquinagem quando o corte está a ser efectuado. Para obter a tensão nominal do fio em qualquer condição de maquinagem específica, foi experimentado o efeito da tensão do fio de um valor de tensão mais baixo para um valor mais alto, no efeito *de curvatura* criado pelos fios, de modo a que o mesmo seja minimizado. A tensão do fio com a qual o efeito de curvatura desaparece foi selecionada como sendo a tensão óptima e selecionada para a operação de maquinação no presente trabalho. A melhor tensão do fio para os fios utilizados no presente trabalho foi de 80 N. A tensão ideal da fenda ou tensão de rutura do dielétrico foi observada experimentalmente e definida para cada conjunto de experiências, ajustando o botão de definição da tensão do painel de controlo da máquina. A regulação da tensão foi testada a partir de um valor mínimo, no qual não se verifica qualquer faísca ou ação de corte, e lentamente é aumentada até ao valor em que apenas se inicia a faísca ou a ação de corte com a utilização do dielétrico. A tensão à qual a ação de corte começou foi definida como a tensão de abertura, que é a tensão de rutura do dielétrico especificado no presente trabalho. No presente conjunto de experiências, observou-se que a tensão de abertura era maioritariamente de 80 V.

A corrente de corte foi então variada para aumentar a velocidade máxima de corte. Inicialmente, é escolhida uma corrente de corte mais baixa para cortar a peça de teste. Depois, a corrente de corte é aumentada lentamente até ocorrer uma rutura frequente do fio elétrodo. Verifica-se que o melhor valor de corrente de corte é aquele para o qual não há rutura do fio, mas ocorre um corte suave e contínuo do material.

A gama possível de velocidades do fio é obtida a partir da literatura e a melhor velocidade do fio é determinada através de testes de amostras e é definida para ter a melhor economia de consumo de fio. Nas experiências actuais, a melhor velocidade do fio é de 2,5 m/min.

A velocidade de corte, a tensão do fio, a velocidade do fio, etc. são registadas no próprio painel de controlo da máquina. A abertura de faísca é medida com o microscópio dos fabricantes de ferramentas e com o micrómetro eletrónico. O acabamento da superfície é medido utilizando o instrumento de teste da rugosidade da superfície, Talysurf. O corte em forma de "L" foi efectuado para medir eficazmente o centelhador e o corte em forma de "U" para os restantes factores (Fig. 4.4).

Fig. 4.4 Imagem do gráfico de sombras para medição do centelhador

4.3 Influência da corrente de maquinagem nos critérios de maquinagem WEDM

Foram efectuadas investigações experimentais para estudar a influência da corrente de maquinagem em diferentes critérios de maquinagem, nomeadamente a velocidade de corte, a abertura de faísca, a rugosidade da superfície e o MRR nas condições ideais predefinidas de tensão de abertura 80 V, velocidade do fio, 2.5m/min, tensão do fio, 80N, e condutividade dieléctrica, 38mhos para materiais i.e. HSS, HC-HCr, Titânio, Inconel X-750, Cobre, Latão, Grafite, Carboneto de Tungsténio, Alumínio, Al-MoS2 MMC de 5 a 80 mm de espessura e fio de Latão de 36% Zn, diâmetro 0,25mm é utilizado como elétrodo para as experiências.

4.3.1 Influência da corrente de maquinagem na espessura

A Figura 4.5 mostra o efeito da corrente de maquinagem na espessura para diferentes materiais, ou seja, HSS, HC-HCr, Titânio, Inconel X-750, Cobre, Latão, Grafite, Carboneto de Tungsténio, Alumínio, Al-MoS2 MMC de 5 a 8 mm de espessura.

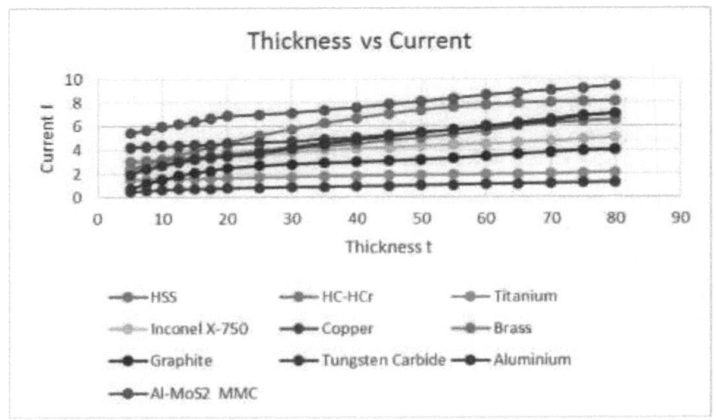

Fig. 4.5 Efeito da corrente de maquinagem na espessura

Os resultados mostram que a corrente de descarga varia de material para material, mesmo que a espessura seja mantida nos mesmos valores para todos os materiais.

4.3.2 Influência da velocidade de corte na espessura

A Figura 4.6 mostra o efeito da velocidade de corte na espessura para diferentes materiais, ou seja, HSS, HC-HCr, Titânio, Inconel X-750, Cobre, Latão, Grafite, Carboneto de Tungsténio, Alumínio, Al-MoS2 MMC de 5 a 8 mm de espessura.

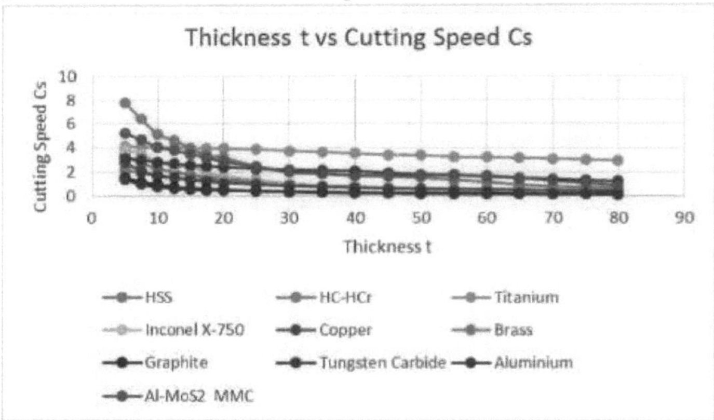

Fig. 4.6 Efeito da velocidade de corte na espessura

Os resultados mostram que a velocidade de corte varia de material para material, mesmo que a espessura seja mantida nos mesmos valores para todos os materiais.

4.3.3 Influência do Sparkgap na espessura

A Figura 4.7 mostra o efeito do centelhador na espessura para diferentes materiais, ou seja, HSS, HC-HCr, Titânio, Inconel X-750, Cobre, Latão, Grafite, Carboneto de Tungsténio, Alumínio, Al-MoS2 MMC de 5 a 8 mm de espessura. Os resultados mostram que o centelhador varia de material para material, mesmo que a espessura seja mantida nos mesmos valores para todos os materiais.

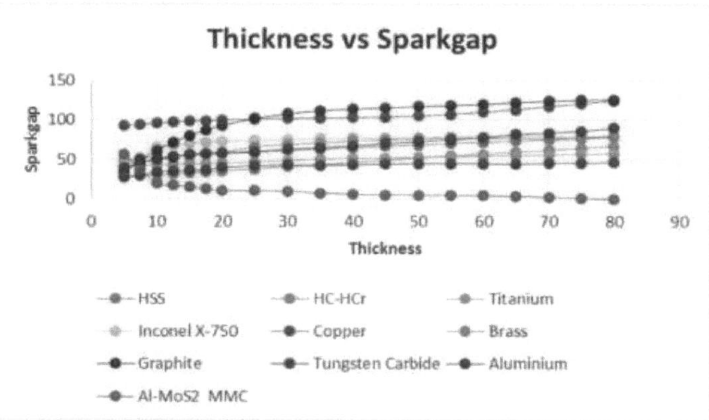

Fig.4.7 Efeito do Sparkgap na espessura

4.3.4 Influência da MRR na espessura

A Figura 4.8 mostra o efeito da MRR na espessura para diferentes materiais, ou seja, HSS, HC-HCr, Titânio, Inconel X-750, Cobre, Latão, Grafite, Carboneto de Tungsténio, Alumínio, Al-MoS2 MMC de 5 a 8 mm de espessura. Os resultados mostram que o MRR varia de material para material, mesmo que a espessura seja mantida nos mesmos valores para todos os materiais.

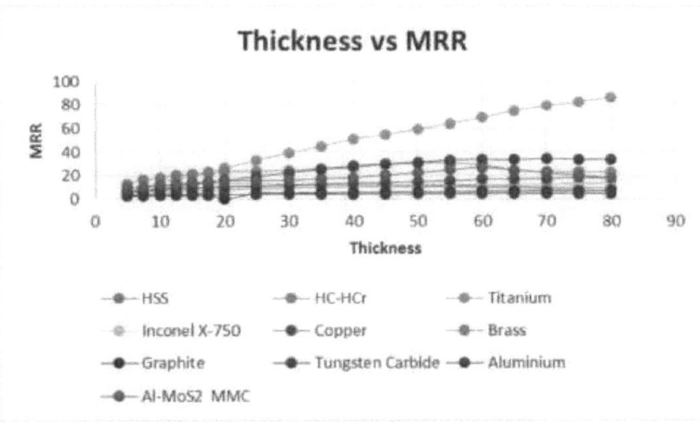

Fig. 4.8 Efeito da MRR na espessura

4.3.5 Efeito da potência na espessura

A Figura 4.9 mostra o efeito da Potência na espessura para diferentes materiais, ou seja, HSS, HC-HCr, Titânio, Inconel X-750, Cobre, Latão, Grafite, Carboneto de Tungsténio, Alumínio, Al-MoS2 MMC de 5 a 8 mm de espessura. Os resultados mostram que a potência varia de material para material, mesmo que a espessura seja mantida nos mesmos valores para todos os materiais.

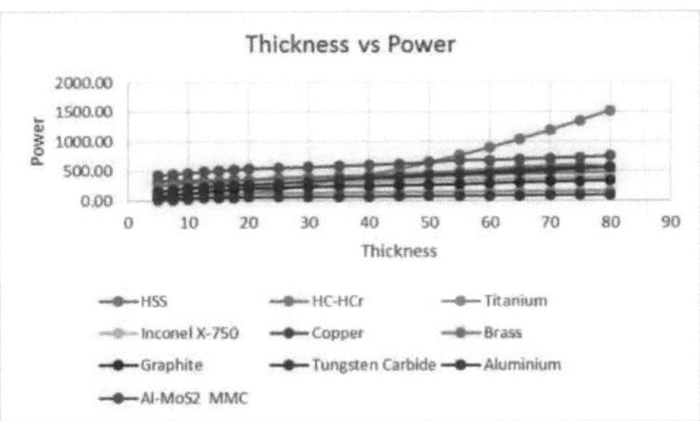

Fig. 4.9 Efeito da potência na espessura

4.3.6 Efeito da rugosidade da superfície (Ra) na espessura

A Figura 4.10 mostra o efeito da rugosidade da superfície na espessura para diferentes materiais, ou seja, HSS, HC-HCr, Titânio, Inconel X-750, Cobre, Latão, Grafite, Carboneto de Tungsténio, Alumínio, Al-MoS2 MMC de 5 a 8 mm de espessura. Os resultados mostram que a rugosidade da superfície varia de material para material, mesmo que a espessura seja mantida nos mesmos valores para todos os materiais.

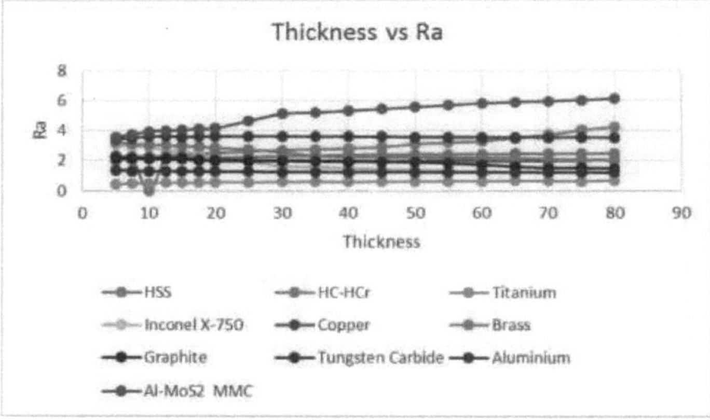

Fig.4.10 Efeito da rugosidade da superfície na espessura

Os valores óptimos dos parâmetros e critérios de maquinagem são avaliados conforme explicado no artigo 4.2 anterior, com base na maquinagem estável com boa velocidade de corte e menor rutura do fio para ambos os materiais objeto da presente investigação. Para estes valores, os gráficos são desenvolvidos utilizando o software ORIGIN 8.0. A curva obtida é optimizada considerando a curva de melhor ajuste e realizando uma análise estatística. Durante as iterações, a curva que apresentou menor desvio padrão e valor de regressão, R^2 , os dados relativos à análise estatística são tabulados. A equação da curva de melhor ajuste é considerada como a correlação matemática que pode ser utilizada para avaliar os respectivos critérios de maquinagem. A forma geral da equação desenvolvida é a que se apresenta de seguida.

$y = A_2 + (A_1 - A_2) / [1 + \exp\{(x - x_0)/dx\}]$ Eqn. 4.1

Onde y é o critério ou parâmetro de maquinação, x é a espessura da peça de trabalho, mm,

Os valores de A1, A2, x0 e dx são derivados da análise estatística e são tabelados.

As correlações matemáticas exploradas e a sua análise estatística para os materiais, ou seja, HSS, HC-HCr, Titânio, Inconel X-750, Cobre, Latão, Grafite, Carboneto de Tungsténio, Alumínio, Al-MoS2 MMC no âmbito do presente trabalho, são apresentadas a seguir.

4.4 Correlações matemáticas para HSS

A curva de melhor ajuste é selecionada e a sua viabilidade é verificada. A análise estatística mostra o quadrado do coeficiente de correlação, o R^2 valor de **0,9995**, que indica a adequação da curva e a equação matemática desenhada é para esta curva e o desvio padrão encontrado é de **0,048**. A relação matemática obtida para a curva de melhor ajuste é

$I = 8,40168 - \{10,70443 / [1+ \exp [(T-8,95484) / 18,66664]]\}$Eqn . 4.1

Em que I é a corrente de maquinagem em ampères

T é a espessura da peça de trabalho em mm

$Cs = 0,39818 + \{10455,93082 / [1 + \exp [(T+121,31769)/15,37933]]\}$ Eqn. 4.2

Onde Cs é a velocidade de corte em mm/min

T é a espessura da peça de trabalho em mm

$Sg = 112,57393-\{1211,34876 / [1+ \exp [(T+342,8435)/119,654]]\}$ Eqn. 4.3

Em que Sg é a abertura da centelha em micrómetros

T é a espessura da peça de trabalho em mm

$MRR= 11,23772- \{8,24349/ [1+\exp (T-7,5739)/ 4,69665]\}$Eqn . 4.4

Onde MRR é a taxa de remoção de material em mm3/min

$P= 756,15126- \{963,39861/ [1+\exp [(T- 8,95484)/ 18,66664]]\}$Eqn . 4.5

Onde P é a potência em Watts

T é a espessura da peça de trabalho em mm

$Ra= 2,51336- \{1,07921/ [1+\exp [(T- 0,00931)/ 20,5254]]\}$Eqn . 4.6

Onde Ra é a rugosidade da superfície em gm

T é a espessura da peça de trabalho em mm

4.5 Correlações matemáticas para HC-HCr

$I = 7,44402 - [12,64118 / \{1+ \exp [(T+8,20928)/34,89803]\}]$ Eqn. 4.7

Em que I é a corrente de maquinagem em ampères

T é a espessura da peça de trabalho em mm

$Cs = 0,18065 + [2312,09096/ \{1+\exp [(T+190,0305)/27,49036]\}]$ Eqn. 4.8

Onde Cs é a velocidade de corte em mm/min

T é a espessura da peça de trabalho em mm

$Sg = 112,08196 - [135,32112/ \{1+\exp [(T-36,37889)/61,72579]\}]$ Eqn. 4.9

Em que Sg é a abertura da centelha em micrómetros

T é a espessura da peça de trabalho em mm

$MRR=9,65647 - [8,85667/ \{1+\exp [(T-10,23356)/ 5,71599]\}]$ Eqn. 4.10

Em que MRR é a taxa de remoção de material em mm3/min

$P= 554,92341- \{900,11694/ [1+\exp [(T+ 5,32687)/ 33,81125]]\}$Eqn . 4.11

Onde P é a potência em Watts

T é a espessura da peça de trabalho em mm

$Ra= 661,34753- \{660,30563/ [1+\exp [(T-468,96036)/ 72,60049]]\}$ Eqn. 4.12

Onde Ra é a rugosidade da superfície em gm
T é a espessura da peça de trabalho em mm

4.6 Correlações matemáticas para o titânio

I = 2,68673 - {24,1726/ [1+exp ((T+319,6074)/109,2219)]}Eqn . 4.13
Em que I é a corrente de maquinagem em ampères
T é a espessura da peça de trabalho em mm
Cs = 2,83773 + {1,47679 / [1 + exp ((T - 39,33753) / 19,91255)]} Eqn. 4.14
Onde Cs é a velocidade de corte em mm/min
T é a espessura da peça de trabalho em mm
Sg = 61,93124 - {35,61664 / [1 + exp ((T-13,23782) / 33,45962)]} Eqn. 4.15
Em que Sg é a abertura da centelha em micrómetros
T é a espessura da peça de trabalho em mm
MRR=183,56124- {2887,83562 / [1 + exp ((T+316,487) / 117,7659)]} Eqn. 4.16
Onde MRR é a taxa de remoção de material em mm3/min
P= 214,93838 - {1933,80774/ [1+exp ((T+319,6074)/ 109,2219)]} Eqn. 4.17
Onde P é a potência em Watts
T é a espessura da peça de trabalho em mm
Ra= 0,68113- {975,94091/ [1+exp [(T+161,0429)/ 19,47064]]}Eqn . 4.18
Onde Ra é a rugosidade da superfície em gm
T é a espessura da peça de trabalho em mm

4.7 Correlações matemáticas para Inconel X-750

I = 5,0203 - [5107,31982/ (1+exp {(T+223,8171)/30,29636})] Eqn. 4.19
Em que I é a corrente de maquinagem em ampères
T é a espessura da peça de trabalho em mm
Cs = 0,41922+ [25,46693/ [1+exp {(T+21,59079)/14,34962}]] Eq. 4.20
Onde Cs é a velocidade de corte em mm/min
T é a espessura da peça de trabalho em mm
Sg = 78,01641 - [115722,8237/ {1+exp {(T+48,62021)/6,62653}}] Eqn. 4.21
Em que Sg é a abertura da centelha em micrómetros
T é a espessura da peça de trabalho em mm
MRR= 13,02707- {8,14717 / [1 + exp (T- 7,57691) / 1,89794]}Eqn . 4.22
Onde MRR é a taxa de remoção de material em mm3/min
P= 401,62415- {408585,5856/ [1+exp [(T+ 223,8171)/ 30,29636]]} Eqn. 4.23
Onde P é a potência em Watts
T é a espessura da peça de trabalho em mm
Ra= 1,26302+ {2,59208/ [1+exp [(T-14,07248)/ 10,5056]]}Eqn . 4.24
Onde Ra é a rugosidade da superfície em gm
T é a espessura da peça de trabalho em mm

4.8 Correlações matemáticas para grafite

I = 3,92677 - {7456,62685/ [1+exp ((T+193,0506)/25,28103)]}Eqn . 4.25
Em que I é a corrente de maquinagem em ampères
T é a espessura da peça de trabalho em mm
Cs = 0,25004 + {6001,31736 / [1+ exp ((T+79,08977)/9,94361)]}Eqn . 4.26
Onde Cs é a velocidade de corte em mm/min
T é a espessura da peça de trabalho em mm
Sg = 123,37932 - {141575,5482/ [1+exp ((T+100,9257)/14,36478)]} Eqn. 4.27

Em que Sg é a abertura da centelha em micrómetros
T é a espessura da peça de trabalho em mm
MRR=8,90625-{16,39397/ [1+exp ((T+19,05837)/41,6981)]}Eqn . 4.28
Onde MRR é a taxa de remoção de material em mm3/min
P= 333,78144- {634446,3469/ [1+exp ((T+ 193,1313)/ 25,28755)]} Eqn. 4.29
Onde P é a potência em Watts
T é a espessura da peça de trabalho em mm
Ra= 0,89183+ {1,30181/ [1+exp [(T-75,03545)/ 23,41655]]}Eqn . 4.30
Onde Ra é a rugosidade da superfície em gm
T é a espessura da peça de trabalho em mm

4.9 Correlações matemáticas para o cobre

I = 8,52675 - {4,51988 / [1+exp ((T-64,76446)/20,50736)]}Eqn . 4.31
Em que I é a corrente de maquinagem em ampères
T é a espessura da peça de trabalho em mm
Cs = 0,58394 + {11934,95312/ [1+exp ((T+89,7172)/10,92178)]}Eqn . 4.32
Onde Cs é a velocidade de corte em mm/min
T é a espessura da peça de trabalho em mm
Sg = 30446,5964 - {30355,06868 / [1 + exp ((T-336,06964)/37,5576)]} Eqn. 4.33
Em que Sg é a abertura da centelha em micrómetros
T é a espessura da peça de trabalho em mm
MRR=23,04561-{1898,46909/ [1+exp ((T+271,6538)/58,53744)]} Eqn. 4.34
Onde MRR é a taxa de remoção de material em mm3/min
P= 677,80874- {389,03409/ [1+exp ((T- 53,56094)/ 24,03008)]}Eqn . 4.35
Onde P é a potência em Watts
T é a espessura da peça de trabalho em mm
Ra= 2,02752+ {0,23063/ [1+exp [(T-16,40965)/ 1,04996]]}Eqn . 4.36
Onde Ra é a rugosidade da superfície em gm
T é a espessura da peça de trabalho em mm

4.10Correlações matemáticas para latão

I = 8,84769 - {7,27364/ [1+exp ((T-52,27978)/34,18277)]}Eqn . 4.37
Em que I é a corrente de maquinagem em ampères
T é a espessura da peça de trabalho em mm
Cs = 1,03147 + {21703,09318/ (1+exp ((T+102,1821)/13,20304))} Eqn. 4.38
Onde Cs é a velocidade de corte em mm/min
T é a espessura da peça de trabalho em mm
Sg = 79,07851 - {40942,88854/ [1+exp ((T+117,3478)/17,73446)]} Eqn. 4.39
Em que Sg é a abertura da centelha em micrómetros
T é a espessura da peça de trabalho em mm
MRR=26,65285 - {47,71574/ [1+exp ((T+2,90921)/8,64783)]}Eqn. 4.40
Em que MRR é a taxa de remoção de material em mm3/min
P= 734,91228- {665,53753/ [1+exp ((T- 32,47123)/ 33,54709)]}Eqn . 4.41
Onde P é a potência em Watts
T é a espessura da peça de trabalho em mm
Ra= 2,12246+ {1,22613/ [1+exp [(T-23,07471)/ 10,51202]]}Eqn . 4.42
Onde Ra é a rugosidade da superfície em gm
T é a espessura da peça de trabalho em mm

4.11Correlações matemáticas para carboneto de tungsténio

I = 11,6944- {312,7492/ [1+exp ((T+364,9186)/ 106,6763)]}Eqn . 4.43

Em que I é a corrente de maquinagem em ampères

T é a espessura da peça de trabalho em mm

Cs = 0,20526 + {7910,31477/ [1+exp ((T+81,10173)/9,69766)]}Eqn . 4.44

Onde Cs é a velocidade de corte em mm/min

T é a espessura da peça de trabalho em mm

Sg = 91,06823- {8877,15713/ [1+exp ((T+341,62406)/ 63,46498)]} Eqn. 4.45

Em que Sg é a abertura da centelha em micrómetros

T é a espessura da peça de trabalho em mm

MRR=5,05219-{3132,09388/ [1+exp ((T+186,2791)/27,1488)]}Eqn . 4.46

Em que MRR é a taxa de remoção de material em mm3/min

P= 935,55172- {25019,93594/ [1+exp ((T+ 364,9186)/ 106,6763)]} Eqn. 4.47

Onde P é a potência em Watts

T é a espessura da peça de trabalho em mm

Ra= 1,25157+ {719,29963/ [1+exp [(T+128,8833)/ 15,46047]]}Eqn . 4.48

Onde Ra é a rugosidade da superfície em gm

T é a espessura da peça de trabalho em mm

4.12Correlações matemáticas para o alumínio

I=1,54617-[289,37753/ (1+exp {(T+359,5358)/64,22677})]Eqn. 4.49

Em que I é a corrente de maquinagem em ampères

T é a espessura da peça de trabalho em mm

Cs = 0,21629 + {445,7453 / [1+exp [(T+ 396,9087)/ 79,26225]]}Eqn . 4.50

Onde Cs é a velocidade de corte em mm/min

T é a espessura da peça de trabalho em mm

Sg = 45,71537-{8151,15713 / [1+ exp [(T+ 85,94049)/ 14,85046]]} Eqn. 4.51

Em que Sg é a abertura da centelha em micrómetros

T é a espessura da peça de trabalho em mm

MRR= 35,05325- {42,38537/ [1+exp (T- 17,1335)/ 14,21831]}Eqn . 4.52

Onde MRR é a taxa de remoção de material em mm3/min

P= 123,71078- {22661,43709/ [1+exp ((T+ 358,1792)/ 64,23433)]} Eqn. 4.53

Onde P é a potência em Watts

T é a espessura da peça de trabalho em mm

Ra= 1,25157+ {719,29963/ [1+exp [(T+128,8833)/ 15,46047]]}Eqn . 4.54

Onde Ra é a rugosidade da superfície em gm

T é a espessura da peça de trabalho em mm

4.13Correlações matemáticas para o MMC Al-MoS2

I= 12,56303 - {461,88511/ [1+exp [(T+395,4979)/95,85084]]}Eqn . 4.55

Em que I é a corrente de maquinagem em ampères

T é a espessura da peça de trabalho em mm

Cs = 1,25603 + {5327,93081 / [1+exp [(T+ 121,8194)/ 17,54991]]} Eqn. 4.56

Onde Cs é a velocidade de corte em mm/min

T é a espessura da peça de trabalho em mm

Sg = 4,99413+ {304936,2124 / [1+ exp [(T+ 43,66972)/ 5,58618]]} Eqn. 4.57

Em que Sg é a abertura da centelha em micrómetros

T é a espessura da peça de trabalho em mm

MRR= 22,87292- {15,25477/ [1+exp (T- 22,17531)/ 11,75745]}Eqn . 4.58

Onde MRR é a taxa de remoção de material em mm3/min.

P= 1005,04257- {36950,80925/ [1+exp ((T+ 395,4979)/ 95,85084)]} Eqn. 4.59

Onde P é a potência em Watts

T é a espessura da peça de trabalho em mm

Ra= 6,10731- {3,49197/ [1+exp [(T-20,51324)/ 16,21468]]} Eqn. 4.60

Onde Ra é a rugosidade da superfície em gm

T é a espessura da peça de trabalho em mm

4.14Validação

A validade das correlações matemáticas desenvolvidas é verificada através da realização de experiências em peças de trabalho de 25 mm e 65 mm de espessura. Os resultados experimentais e os resultados obtidos a partir das correlações matemáticas (aplicação móvel) apresentam uma pequena variação de apenas 2%. Este facto comprova a autenticidade das correlações.

Tabela 4.1 Dados dos resultados experimentais e da aplicação móvel Verificação da validação para todos os materiais.

	T, mm	I, amp	Cs, mm/min	Sg, J[im]	MRR, mm 3/min[A]	Potência P, W
HSS						
Experimental	25	5.2	1.23	59.08	11.32	468
Aplicação Mob		5.21786	1.19995	59.05292	11.23772	469.60705
Experimental	65	7.95	0.42	73.72	10.85	715.50
Aplicação Mob		7.89518	0.45545	73.77246	11.23772	710.5661
HC-HCr						
Experimental	25	3.92	1.1	38.22	8.97	294
A nossa aplicação Mob		3.92268	1.10698	38.20253	9.03458	294.17891
Experimental	65	6.07	0.4	59.57	9.59	455.25
A nossa aplicação Mob		6.06221	0.39691	59.83274	9.65586	454.95866
TITÂNIO						
Experimental	25	1.7	3.859	47	33.162	136
A nossa aplicação Mob		1.69831	3.83104	47.22119	32.90897	135.86441
Experimental	65	1.98	3.17	55.37	75.538	158.4
A nossa aplicação Mob		1.99271	3.15681	55.67983	74.65852	159.41660
Inconel X-750						
Experimental	25	3.6	1.4	74	13.93	288
A nossa aplicação Mob		3.63573	1.37273	76.28486	13.02707	290.85886
Experimental	65	4.6	0.47	79.2	12.47	368
A nossa aplicação Mob		4.65047	0.48007	78.01227	13.02707	372.03755
Grafite						
Experimental	25	2.7	0.47	101.72	4.67	229.5
A nossa aplicação		2.58819	0.42066	101.31081	4.67728	219.99842

Mob						
Experimental	65	3.66	0.22	122.46	6.99	311.1
A nossa aplicação Mob		3.65163	0.25310	122.01629	6.97921	310.38393
Alumínio						
Experimental	25	0.84	2.3	42	19.2	67.2
A nossa aplicação Mob		0.82142	2.38024	41.07480	34.82346	65.70611
Experimental	65	1.15	1.52	44.5	33.49	92
A nossa aplicação Mob		1.15693	1.52522	45.40130	35.05325	92.55528
Cobre						
Experimental	25	4.55	1.08	100	10.69	391
A nossa aplicação Mob		4.57526	0.91142	99.20294	11.16670	379.62129
Experimental	65	6.4	0.56	117	18.43	531.25
A nossa aplicação Mob		6.27979	0.59235	113.78230	17.02888	528.73484
Latão						
Experimental	25	3.9	2.5	66	23.87	370.95
A nossa aplicação Mob		3.83209	2.45388	65.70889	24.83245	365.24066
Experimental	65	6	0.94	77	24.56	570
A nossa aplicação Mob		5.87984	1.10023	77.67668	26.63431	551.92190
Carboneto de tungsténio						
Experimental	25	3.74	0.44	60	4.07	299.2
A nossa aplicação Mob		3.81134	0.34541	63.64612	3.74644	304.90700
Experimental	65	6.16	0.18	82	4.84	492.8
A nossa aplicação Mob		6.23323	0.20753	76.44625	4.75288	498.65831
Experimental	25	6.98	2.45	10.105	16.02	558.4
A nossa aplicação Mob		6.88870	2.49548	6.39216	16.60458	551.09631
Experimental	65	8.81	1.516	3.52	24.65	704.8
A nossa aplicação Mob		8.80897	1.38293	4.99522	22.87292	704.71791

CAPÍTULO 5

DESENVOLVIMENTO DE APLICAÇÕES

5.1 Visão geral

Construir aplicações móveis pode ser tão fácil como abrir o IDE, montar algo, fazer alguns testes rápidos e submeter a uma App Store - tudo feito numa tarde. Ou pode ser um processo extremamente complexo que envolve um design inicial rigoroso, testes de usabilidade, testes de controlo de qualidade em milhares de dispositivos, um ciclo de vida beta completo e, em seguida, a implementação de várias formas diferentes. Aqui temos um exame introdutório completo da criação de aplicações móveis, incluindo:

Processo - O processo de desenvolvimento de software é designado por Ciclo de vida de desenvolvimento de software (SDLC). Examinaremos todas as fases do SDLC no que respeita ao desenvolvimento de aplicações móveis, incluindo Inspiração, Conceção, Desenvolvimento, Estabilização, Implementação e Manutenção.

Considerações - Há uma série de considerações a ter em conta na criação de aplicações móveis, especialmente em contraste com as tradicionais aplicações Web ou de ambiente de trabalho. Iremos analisar estas considerações e a forma como afectam o desenvolvimento móvel.

5.2 Desenvolvimento móvel SDLC

O ciclo de vida do desenvolvimento móvel não é, em grande medida, diferente do SDLC para aplicações Web ou desktop. Tal como acontece com estas, existem normalmente 5 partes principais do processo:

Conceito - Todas as aplicações começam com uma ideia. Essa ideia é normalmente aperfeiçoada numa base sólida para uma aplicação.

Design - A fase de design consiste em definir a Experiência do Utilizador (UX) da aplicação, por exemplo, qual é o layout geral, como funciona, etc., bem como em transformar essa UX num design de Interface do Utilizador (UI) adequado, normalmente com a ajuda de um designer gráfico.

Desenvolvimento - Normalmente a fase mais intensiva em recursos, esta é a construção efectiva da aplicação.

Estabilização - Quando o desenvolvimento está suficientemente avançado, o controlo de qualidade começa normalmente a testar a aplicação e os erros são corrigidos. Muitas vezes, uma aplicação entra numa fase beta limitada, na qual um público mais vasto de utilizadores tem a oportunidade de a utilizar e de dar feedback e informar as alterações.

Implantação

Por exemplo, é comum que o desenvolvimento esteja a decorrer enquanto a IU está a ser finalizada, e pode até informar o design da IU. Além disso, uma aplicação pode estar a entrar numa fase de estabilização ao mesmo tempo que estão a ser adicionadas novas funcionalidades a uma nova versão.

Além disso, estas fases podem ser utilizadas em qualquer número de metodologias SDLC, tais como Agile, Spiral, Waterfall, etc.

Cada uma destas fases será explicada com mais pormenor nas secções seguintes.

5.2.1 Início

A ubiquidade e o nível de interação das pessoas com os dispositivos móveis significa que quase toda a gente tem uma ideia para uma aplicação móvel. Os dispositivos móveis abrem uma forma totalmente nova de interagir com a informática, a Web e até com a infraestrutura empresarial.

A fase inicial consiste em definir e aperfeiçoar a ideia de uma aplicação. Para criar uma aplicação de sucesso, é importante colocar algumas questões fundamentais. Eis alguns aspectos a considerar antes de publicar uma aplicação numa das lojas de aplicações públicas:

Vantagem competitiva - Já existem aplicações semelhantes? Em caso afirmativo, como é que esta aplicação se diferencia das outras? Para aplicações que serão distribuídas numa empresa:

Integração da infraestrutura - Com que infraestrutura existente se irá integrar ou alargar? Além disso, as aplicações devem ser avaliadas no contexto do fator de forma móvel:
Valor - Qual o valor que esta aplicação traz aos utilizadores? Como é que eles a vão utilizar?
Forma/Mobilidade - Como é que esta aplicação funcionará num formato móvel? Como posso acrescentar valor utilizando tecnologias móveis como a localização, a câmara, etc.?
Para ajudar a conceber a funcionalidade de uma aplicação, pode ser útil definir Actores e Casos de Utilização. Os actores são funções dentro de uma aplicação e são frequentemente utilizadores. Os casos de utilização são normalmente acções ou intenções.
Por exemplo, uma aplicação de controlo de tarefas pode ter dois actores: Utilizador e Amigo. Um utilizador pode criar uma tarefa e partilhar uma tarefa com um amigo. Neste caso, criar uma tarefa e partilhar uma tarefa são dois casos de utilização distintos que, em conjunto com os Actores, informarão quais os ecrãs que terá de construir, bem como quais as entidades empresariais e a lógica que terão de ser desenvolvidas.
Uma vez captado um número adequado de casos de utilização e de actores, é muito mais fácil começar a conceber uma aplicação. O desenvolvimento pode então concentrar-se na forma de criar a aplicação, em vez de se concentrar no que a aplicação é ou deve fazer.

5.2.2 Conceção

Uma vez determinadas as caraterísticas e a funcionalidade da aplicação, o passo seguinte é começar a tentar resolver a experiência do utilizador ou UX.
Design UX
A experiência do utilizador é normalmente feita através de wireframes ou maquetas utilizando ferramentas como o Balsamiq, ockingbird, Visio ou simplesmente papel e caneta. As maquetas de experiência do utilizador permitem que a experiência do utilizador seja concebida sem ter de se preocupar com o design real da interface do utilizador. Ao criar maquetas de UX, é importante ter em conta as Diretrizes de Interface para as várias plataformas a que a aplicação se destina. A aplicação deve "sentir-se em casa" em cada plataforma. Por exemplo, cada aplicação tem uma metáfora para alternar entre secções de uma aplicação. O IOS utiliza uma barra de separadores na parte inferior do ecrã, o Android utiliza uma barra de separadores na parte superior do ecrã e o Windows Phone utiliza a vista Panorâmica:

Fig.5.1 Design UX do iOS, Android e WP7

Além disso, o próprio hardware também dita as decisões de experiência do utilizador. Por exemplo, os dispositivos iOS não têm um botão físico de retrocesso, pelo que introduzem a metáfora do controlador de navegação:

Fig.5.2 Metáfora do controlador de navegação para dispositivos iOS

Além disso, o fator de forma também influencia as decisões de experiência do utilizador. Um tablet tem muito mais espaço, pelo que pode apresentar mais informação. Muitas vezes, o que precisa de vários ecrãs num telefone é comprimido num só para um tablet.

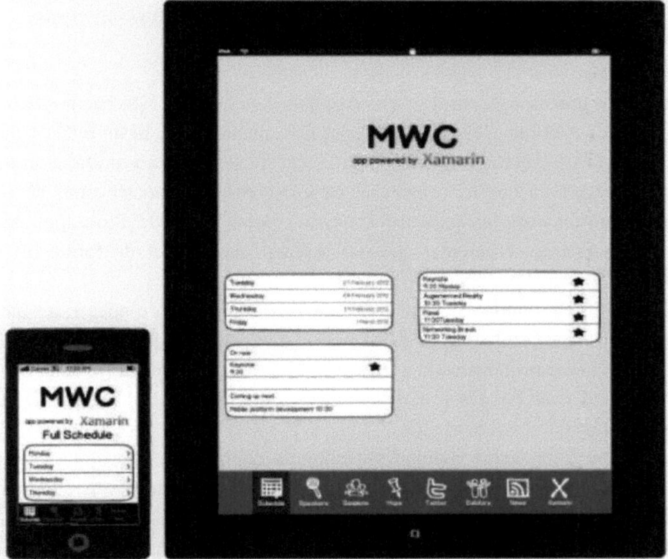

Fig.5.3 Design UX entre um telemóvel e um tablet

E devido à miríade de factores de forma existentes, existem frequentemente factores de forma de tamanho médio (algures entre um telefone e um tablet) que também pode querer visar.

Design da interface do utilizador (IU)

Uma vez determinada a UX, o passo seguinte é criar o design da IU. Enquanto a experiência do utilizador é normalmente apenas maquetas a preto e branco, a fase de design da interface do utilizador é onde as cores, os gráficos, etc., são introduzidos e finalizados. É importante dedicar tempo a um bom design da IU e, geralmente, as aplicações mais populares têm um design profissional.

Tal como acontece com a experiência do utilizador, é importante compreender que cada plataforma tem a sua própria linguagem de design, pelo que uma aplicação bem concebida pode ter um aspeto diferente em cada plataforma. Para uma boa inspiração de design de IU, consulte alguns dos seguintes sítios:

- pttrns.com - (apenas iOS)
- androidpttrns.com - (apenas para Android)
- lovelyui.com - (iOS, Android e Windows Phone)
- mobiledesignpatterngallery.com - (iOS, Android e Windows Phone)

Além disso, é possível ver os portefólios de designers gráficos em sítios como Behance.com e Dribbble.com. Podem ser encontrados designers de todo o mundo, muitas vezes em locais onde a taxa de câmbio é favorável, pelo que um bom design gráfico não tem necessariamente de custar muito.

5.2.3 Desenvolvimento

A fase de desenvolvimento começa normalmente muito cedo. De facto, assim que uma ideia amadurece na fase concetual/inspiração, é frequentemente desenvolvido um protótipo funcional que valida a funcionalidade e os pressupostos e ajuda a compreender o âmbito do trabalho.

5.2.4 Estabilização

A estabilização é o processo de resolver os erros da sua aplicação. Não apenas de um ponto de vista funcional, por exemplo: "A aplicação bloqueia quando clico neste botão", mas também da usabilidade e do desempenho. É melhor começar a estabilização muito cedo no processo de desenvolvimento, para que as correcções de curso possam ocorrer antes de se tornarem dispendiosas. Normalmente, as aplicações passam pelas fases de Protótipo, Alfa, Beta e Candidato a Lançamento. Diferentes pessoas definem estas fases de forma diferente, mas geralmente seguem o seguinte padrão:

Protótipo - A aplicação ainda está em fase de prova de conceito e apenas a funcionalidade principal ou partes específicas da aplicação estão a funcionar. Existem erros graves.

Alfa - A funcionalidade principal está geralmente completa em termos de código (construída, mas não totalmente testada). Os principais erros ainda estão presentes e a funcionalidade periférica pode ainda não estar presente.

Beta - A maior parte das funcionalidades está agora completa e foi objeto, pelo menos, de testes ligeiros e de correção de erros. Os principais problemas conhecidos podem ainda estar presentes.

Candidato a lançamento - Todas as funcionalidades estão completas e testadas. Se não existirem novos erros, a aplicação é candidata a ser lançada no mercado.

Nunca é demasiado cedo para começar a testar uma aplicação. Por exemplo, se for encontrado um problema importante na fase de protótipo, a experiência do utilizador da aplicação ainda pode ser modificada para o acomodar. Se for detectado um problema de desempenho na fase alfa, é suficientemente cedo para modificar a arquitetura antes de ter sido criado muito código com base em falsas suposições.

Normalmente, à medida que uma aplicação avança no seu ciclo de vida, é aberta a mais pessoas para a experimentarem, testarem, darem feedback, etc. Por exemplo, as aplicações protótipo só podem ser mostradas ou disponibilizadas aos principais interessados, enquanto as aplicações candidatas a lançamento podem ser distribuídas aos clientes que se inscrevem para acesso antecipado.

Para testes iniciais e implementação em relativamente poucos dispositivos, normalmente é suficiente implementar diretamente a partir de uma máquina de desenvolvimento. No entanto, à medida que a audiência aumenta, isto pode tornar-se rapidamente incómodo. Como tal, existem várias opções de implementação de testes que tornam este processo muito mais fácil, permitindo-lhe convidar pessoas para um grupo de testes, lançar compilações na Web e fornecer ferramentas que permitem o feedback dos utilizadores.

Alguns dos mais populares são:

Testflight - Este é um produto iOS que lhe permite distribuir aplicações para teste, bem como receber relatórios de falhas e informações de utilização dos seus clientes. Está incluído como parte do iTunes connect e não está disponível se fizer parte de uma subscrição Apple Developer Enterprise.

LaunchPad (launchpadapp.com) - Concebido para Android, este serviço é muito semelhante ao TestFlight.

Vessel (vessel.io) - Um serviço para iOS e Android que lhe permite monitorizar a utilização, acompanhar os clientes e até fazer testes A/B a partir da sua aplicação.

hockeyapp.com - Fornece um serviço de testes para iOS, Android e Windows Phone.

5.2.5 Distribuição

Quando a aplicação estiver estabilizada, é altura de a distribuir. Existem várias opções de distribuição diferentes, dependendo da plataforma.

As aplicações Xamarin.iOS e Objective-C são distribuídas exatamente da mesma forma:

Apple App Store - A App Store da Apple é um repositório de aplicações online disponível a nível mundial que está integrado no Mac OS X através do iTunes. É de longe o método de distribuição mais popular para aplicações e permite aos programadores comercializar e distribuir as suas aplicações online com muito pouco esforço.

Implementação interna - A implementação interna destina-se à distribuição interna de aplicações empresariais que não estão disponíveis publicamente através da App Store.

Implementação ad-hoc - A implementação ad-hoc destina-se principalmente ao desenvolvimento e aos testes e permite-lhe implementar num número limitado de dispositivos devidamente provisionados. Quando você implanta em um dispositivo via Xcode ou Xamarin Studio, isso é conhecido como implantação ad-hoc.

Android

Todas as aplicações Android têm de ser assinadas antes de serem distribuídas. Os programadores assinam as suas aplicações utilizando o seu próprio certificado protegido por uma chave privada. Este certificado pode fornecer uma cadeia de autenticidade que liga um programador de aplicações às aplicações que esse programador criou e lançou. É de notar que, embora um certificado de desenvolvimento para Android possa ser assinado por uma autoridade de certificação reconhecida, a maioria dos programadores não opta por utilizar estes serviços e assina os seus próprios certificados. O principal objetivo dos certificados é distinguir entre diferentes programadores e aplicações. O Android utiliza esta informação para ajudar na aplicação da delegação de permissões entre aplicações e componentes em execução no sistema operativo Android.

Ao contrário de outras plataformas móveis populares, o Android adopta uma abordagem muito aberta à distribuição de aplicações. Os dispositivos não estão bloqueados a uma única loja de aplicações aprovada. Em vez disso, qualquer pessoa é livre de criar uma loja de aplicações e a maioria dos telemóveis Android permite a instalação de aplicações a partir destas lojas de terceiros.

Isto permite aos programadores um canal de distribuição potencialmente maior e mais complexo para as suas aplicações. O Google Play é a loja de aplicações oficial da Google, mas existem muitas outras. Algumas das mais populares são:

AppBrain

Amazon App Store para Android

Handango

ObterJar

Windows Phone

As aplicações do Windows Phone são distribuídas aos utilizadores através da Windows Store. Os programadores submetem as suas aplicações ao Centro de Desenvolvimento do Windows Phone para aprovação, após o que aparecem na Loja.

A Microsoft fornece instruções detalhadas para a implementação de aplicações Windows Phone durante o desenvolvimento.

Siga estes passos para publicar aplicações para testes beta e lançá-las na loja. Os programadores podem submeter as suas aplicações e, em seguida, fornecer uma ligação de instalação aos testadores antes de a aplicação ser revista e publicada.

Considerações comuns

5.3 Considerações comuns

Multitarefa

Existem dois desafios significativos ao multitasking (ter várias aplicações a funcionar ao mesmo tempo) num dispositivo móvel. Em primeiro lugar, dado o espaço limitado do ecrã, é difícil apresentar várias aplicações em simultâneo. Por conseguinte, nos dispositivos móveis, apenas uma aplicação pode estar em primeiro plano de cada vez. Em segundo lugar, ter várias aplicações abertas e a executar tarefas pode consumir rapidamente a energia da bateria.

Cada plataforma lida com o multitasking de forma diferente, o que iremos explorar mais adiante.

Fator de forma

Os dispositivos móveis dividem-se geralmente em duas categorias: telemóveis e tablets, com alguns dispositivos cruzados pelo meio. O desenvolvimento para estes factores de forma é geralmente muito semelhante, no entanto, a conceção de aplicações para eles pode ser muito diferente. Os telemóveis têm um espaço de ecrã muito limitado e os tablets, embora maiores, continuam a ser dispositivos móveis com menos espaço de ecrã do que a maioria dos computadores portáteis. Por este motivo, os controlos da IU da plataforma móvel foram concebidos especificamente para serem eficazes em factores de forma mais pequenos.

Fragmentação de dispositivos e sistemas operativos

É importante ter em conta os diferentes dispositivos ao longo de todo o ciclo de vida do desenvolvimento de software:

Conceptualização e planeamento - Tenha em conta que o hardware e as funcionalidades variam de dispositivo para dispositivo. Uma aplicação que dependa de determinadas funcionalidades pode não funcionar corretamente em determinados dispositivos. Por exemplo, nem todos os dispositivos têm câmaras, por isso, se estiver a criar uma aplicação de mensagens de vídeo, alguns dispositivos podem ser capazes de reproduzir vídeos, mas não de os gravar.

Conceção - Ao conceber a experiência do utilizador (UX) de uma aplicação, tenha em atenção as diferentes proporções e tamanhos de ecrã nos vários dispositivos. Além disso, ao conceber a interface do utilizador (IU) de uma aplicação, deve ter em conta as diferentes resoluções de ecrã.

Desenvolvimento - Ao utilizar uma funcionalidade a partir do código, a presença dessa funcionalidade deve ser sempre testada primeiro. Por exemplo, antes de utilizar uma funcionalidade de um dispositivo, como uma câmara, consulte sempre primeiro o SO para saber se essa funcionalidade está presente. Depois, ao inicializar a funcionalidade/dispositivo, certifique-se de que solicita o suporte atual do SO sobre esse dispositivo e, em seguida, utilize essas definições de configuração.

Testes - É extremamente importante testar a aplicação antecipadamente e com frequência em dispositivos reais. Mesmo os dispositivos com as mesmas especificações de hardware podem variar muito no seu comportamento.

Recursos limitados

Os dispositivos móveis estão cada vez mais potentes, mas continuam a ser dispositivos móveis com capacidades limitadas em comparação com os computadores de secretária ou portáteis. Por exemplo, os programadores de computadores de secretária geralmente não se preocupam com as capacidades de memória; estão habituados a ter memória física e virtual em quantidades abundantes, ao passo que nos dispositivos móveis pode consumir rapidamente toda a memória disponível só por carregar uma mão-cheia de imagens de alta qualidade.

Além disso, as aplicações que exigem muito do processador, como jogos ou reconhecimento de texto, podem sobrecarregar a CPU móvel e afetar negativamente o desempenho do dispositivo.

Devido a considerações como estas, é importante codificar de forma inteligente e implementar cedo e frequentemente em dispositivos reais para validar a capacidade de resposta.

5.4 Considerações sobre o iOS

Multitarefa

A multitarefa é controlada de forma muito rigorosa no iOS e há uma série de regras e comportamentos que a sua aplicação tem de respeitar quando outra aplicação passa para o primeiro plano, caso contrário, a sua aplicação será terminada pelo iOS.

Recursos específicos do dispositivo

Dentro de um determinado formato, o hardware pode variar muito entre os diferentes modelos. Por exemplo, alguns dispositivos têm uma câmara traseira, outros têm também uma câmara frontal e outros não têm nenhuma. Alguns dispositivos mais antigos (iPhone 3G e anteriores) nem sequer permitem multitarefa. Devido a estas diferenças entre modelos de dispositivos, é importante verificar a presença de uma funcionalidade antes de a tentar utilizar.

Restrições específicas do SO

Para se certificar de que as aplicações são reactivas e seguras, o iOS impõe uma série de regras que as aplicações devem cumprir. Para além das regras relativas ao multitasking, existe uma série de métodos de eventos dos quais a sua aplicação tem de regressar num determinado período de tempo, caso contrário será terminada pelo iOS.

Também é importante notar que as aplicações são executadas nc que é conhecido como

Sandbox, um ambiente que impõe restrições de segurança que restringem o acesso da aplicação. Por exemplo, uma aplicação pode ler e escrever no seu próprio diretório, mas se tentar escrever noutro diretório da aplicação, será terminada.

5.5 Considerações sobre o Android

Multitarefa

A multitarefa no Android tem dois componentes: o primeiro é o ciclo de vida da atividade. Cada ecrã de uma aplicação Android é representado por uma atividade e existe um conjunto específico de eventos que ocorrem quando uma aplicação é colocada em segundo plano ou passa para o primeiro plano. As aplicações têm de aderir a este ciclo de vida para criarem aplicações responsivas e bem comportadas. Para obter mais informações, consulte o guia Ciclo de vida da atividade.

O segundo componente da multitarefa no Android é o uso de Serviços. Os serviços são processos de longa duração que existem independentemente de uma aplicação e são utilizados para executar processos enquanto a aplicação está em segundo plano. Para mais informações, consulte o guia Criar serviços.

Muitos dispositivos e muitos factores de forma

Ao contrário do iOS, que tem um pequeno conjunto de dispositivos, ou mesmo do Windows Phone, que só funciona em dispositivos aprovados que cumprem um conjunto mínimo de requisitos de plataforma, a Google não impõe quaisquer limites aos dispositivos que podem executar o SO Android. Este paradigma aberto resulta num ambiente de produto povoado por uma miríade de dispositivos diferentes com hardware, resoluções e proporções de ecrã, funcionalidades e capacidades muito diferentes.

Devido à extrema fragmentação dos dispositivos Android, a maioria das pessoas escolhe os 5 ou 6 dispositivos mais populares para conceber e testar, e dá-lhes prioridade.

Considerações sobre segurança

Todas as aplicações do sistema operativo Android são executadas sob uma identidade distinta e isolada, com permissões limitadas. Por defeito, as aplicações podem fazer muito pouco. Por exemplo, sem permissões especiais, uma aplicação não pode enviar uma mensagem de texto, determinar o estado do telefone ou mesmo aceder à Internet! Para aceder a estas funcionalidades, as aplicações têm de especificar no ficheiro de manifesto da aplicação quais as permissões que pretendem e quando estão a ser instaladas; o SO lê essas permissões, notifica o utilizador de que a aplicação está a pedir essas permissões e, em seguida, permite que o utilizador continue ou cancele a instalação. Este é um passo essencial no modelo de distribuição do Android, devido ao modelo de loja de aplicações aberta, uma vez que as aplicações não são selecionadas da forma como o são no iOS, por exemplo. Para obter uma lista de permissões de aplicações, consulte o artigo de referência Manifest Permissions (Permissões de manifesto) na Documentação do Android.

5.6 Considerações sobre o Windows Phone

Multitarefa

A multitarefa no Windows Phone também tem duas partes: o ciclo de vida das páginas e aplicativos e os processos em segundo plano. Cada ecrã numa aplicação é uma instância de uma classe Página, que tem eventos associados ao facto de ser tornada ativa ou inativa (com regras especiais para lidar com o estado inativo, ou ser "tombstoned"). Para obter mais informações, consulte a documentação Visão geral do modelo de execução para Windows Phone.

A segunda parte é fornecer agentes em segundo plano para processar tarefas mesmo quando a aplicação não está a ser executada em primeiro plano. Mais informações sobre o agendamento de tarefas periódicas ou a criação de tarefas em segundo plano com uso intensivo de recursos podem ser encontradas na Visão geral dos agentes em segundo plano.

Capacidades do dispositivo

Embora o hardware do Windows Phone seja bastante homogéneo devido às diretrizes rigorosas fornecidas pela Microsoft, existem ainda componentes que são opcionais e que, por isso, requerem uma atenção especial durante a codificação. As capacidades de hardware opcionais incluem a câmara, a bússola e o giroscópio. Existe também uma classe especial de memória reduzida (256 MB) que requer consideração especial, ou os programadores podem optar por não suportar memória reduzida.

Base de dados

Tanto o iOS como o Android incluem o motor de base de dados SQLite que permite um armazenamento de dados sofisticado que também funciona em várias plataformas. O Windows Phone 7 não incluía uma base de dados, enquanto o Windows Phone 7.1 e 8 incluem um motor de base de dados local que só pode ser consultado com LINQ to SQL e não suporta consultas Transact-SQL. Existe uma porta de código aberto do SQLite disponível que pode ser adicionada às aplicações Windows Phone para fornecer suporte Transact-SQL familiar e compatibilidade entre plataformas.

Considerações sobre segurança

As aplicações Windows Phone são executadas com um conjunto restrito de permissões que as isola umas das outras e limita as operações que podem efetuar. O acesso à rede deve ser efectuado através de APIs específicas e a comunicação entre aplicações só pode ser feita através de mecanismos controlados. O acesso ao sistema de ficheiros também é restrito; a API de Armazenamento Isolado fornece armazenamento de pares de valores chave e a capacidade de criar ficheiros e pastas de forma controlada (consulte a Descrição Geral do Armazenamento Isolado para obter mais informações).

O acesso de uma aplicação às funcionalidades do hardware e do sistema operativo é controlado pelas capacidades listadas no seu ficheiro de manifesto (semelhante ao Android). O manifesto deve declarar as funcionalidades requeridas pela aplicação, para que os utilizadores possam ver e concordar com essas permissões e também para que o sistema operativo permita o acesso às API. As aplicações devem solicitar o acesso a funcionalidades como os dados de contactos ou compromissos, a câmara, a localização, a biblioteca multimédia e muito mais. Consulte a documentação do Ficheiro de Manifesto da Aplicação da Microsoft para obter informações adicionais.

5.7 Desenvolvimento de código e aplicação Android

Seguem-se as capturas de ecrã da aplicação Android e o código será apresentado no apêndice.

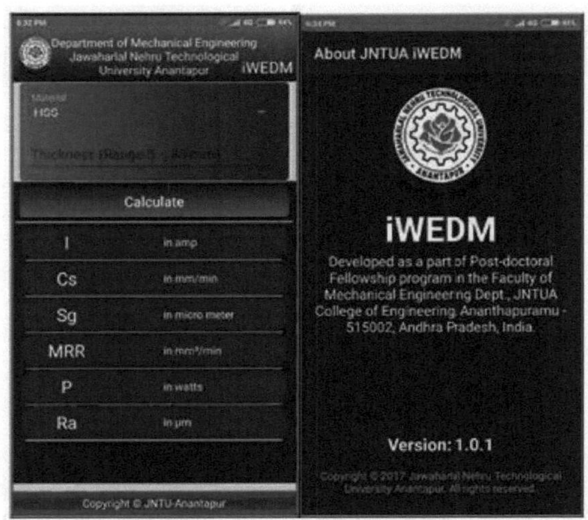

Fig.5.4 Ecrãs inicial e Acerca da aplicação no Android

5.8 Desenvolvimento e aplicação do código IOS (Apple)

Seguem-se as capturas de ecrã da aplicação IOS e o código será apresentado no apêndice.

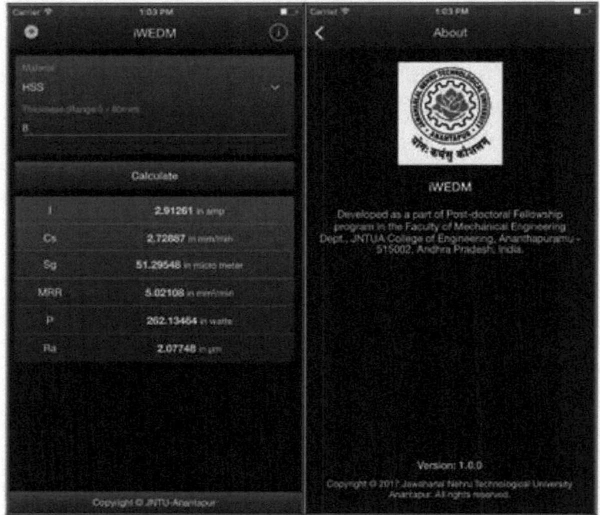

Fig.5.5 Ecrãs inicial e Acerca da aplicação no iOS

5.9 Desenvolvimento e aplicação do código do Windows

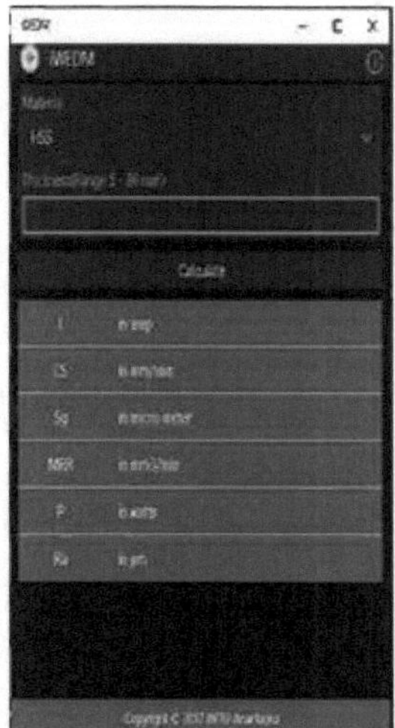

Fig.5.6 Ecrãs Início e Acerca de no Windows

5.10 Funcionamento da aplicação móvel

1. Instalar a aplicação a partir da respectiva loja de jogos.
2. Selecione o material pretendido e introduza a espessura no intervalo de 5 a 80 mm.
3. Clique no botão Calcular.
4. Agora, os valores dos parâmetros pretendidos serão apresentados da seguinte forma.

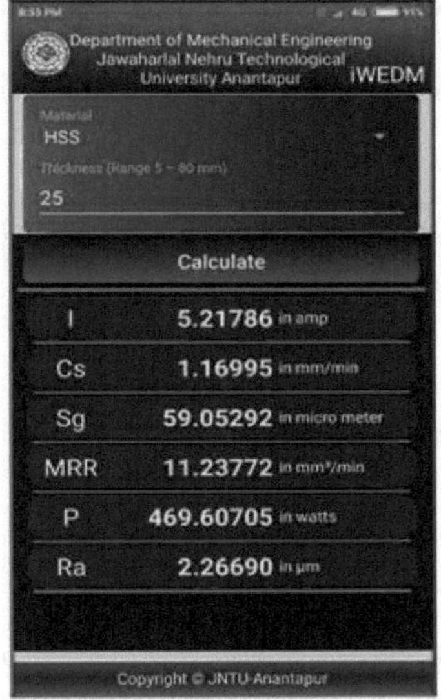

Fig.5.7 Apresentação dos resultados na APP

CAPÍTULO 6

CONCLUSÕES E TRABALHO FUTURO

6.1 Conclusões

Com base nos estudos experimentais efectuados no âmbito do presente trabalho, são apresentados os seguintes resultados e conclusões:

(1) As aplicações móveis foram desenvolvidas nos sistemas operativos Android, IOS e Windows. Estas estão disponíveis nas respectivas lojas de aplicações.

(2) As aplicações foram exaustivamente testadas e recomendadas por eles.

(3) Foi pedida uma patente para esta aplicação móvel.

(4) Pode ser alargado a outros materiais no futuro.

(5) Para maquinar quaisquer materiais condutores de eletricidade, independentemente da sua dureza, tenacidade e propriedades metalúrgicas por WEDM, os parâmetros de maquinagem devem ser óptimos. Para atingir uma velocidade de corte mais elevada, um melhor acabamento da superfície e um menor intervalo de faísca, os parâmetros de maquinagem, a corrente de maquinagem e a espessura da peça de trabalho são os factores que dependem.

(6) Os estudos experimentais revelaram que existem condições óptimas de tensão de abertura, tensão do fio e velocidade do fio para obter uma corrente de maquinação e uma velocidade de corte máximas durante a maquinação dos materiais especificados com o acabamento necessário.

(7) Observa-se claramente que o aumento da espessura da peça de trabalho afecta os parâmetros de maquinagem da seguinte forma nas condições de maquinagem de corte predefinidas.

i) Aumento da necessidade de corrente de maquinagem

ii) Diminuição da velocidade de corte

iii) Aumento do fosso de ignição

iv) Aumento da taxa de rendibilidade

v) Pequena variação na rugosidade da superfície

(8) Os dados experimentais são úteis para configurar a máquina com diferentes parâmetros de maquinagem para efetuar a operação de corte para obter os resultados desejados em qualquer um dos materiais dados sem qualquer sistema de tentativa e erro, de modo a poupar tempo de maquinagem.

(9) As correlações matemáticas desenvolvidas e os gráficos desenhados são muito úteis na previsão do rendimento dos critérios de maquinagem para qualquer dimensão de peça de trabalho por interpolação ou extrapolação. Estas são úteis no planeamento de processos assistidos por computador e na estimativa de custos de maquinagem.

As conclusões do presente trabalho não só abrirão novas perspectivas para os investigadores fundamentais e aplicados na área para uma melhor compreensão da tecnologia, mas também serão úteis para as indústrias transformadoras e as salas de ferramentas para dar um salto quântico para a área das necessidades actuais de maquinagem de materiais de ferramentas condutoras, independentemente da sua metalurgia.

6.2 Trabalho futuro

1. A aplicação pode ser alargada a muitos outros materiais e a qualquer espessura.
2. A mesma aplicação pode ser desenvolvida também para o processo EDM.

REFERÊNCIAS

[1] Liao Y.S. and Yu Y.P. "Study of specific discharge energy in WEDM and its application" International Journal of Machine Tools & Manufacture 44 (2004)1373-1380.

[2] Fuzhu H., Jiang J. e Yu D. "Influence of discharge current on machined surfaces by thermo-analysis in finish cut of WEDM" International Journal of Machine Tools & Manufacture 47 (2007) 1187-1196.

[3] Sanchez J.A., Rodil J.L., Herrero A., Lopez de Lacalle L.N. e Lamikiz A. "On the influence of cutting speed limitation on the accuracy of wire-EDM corner-cutting" Journal of Materials Processing Technology 182 (2007) 574579.

[4] Madhusudan B., Rao Ch.V.S.P. e Ramana K.V. "Experimental study and analysis of parametric influence on corner accuracy in machining with Wire cut EDM" IJ-CA-ETS OCT 2011 Vol. 4 Issue 1 76-79.

[5] Kozak J., Rajurkar K.P. and Wang S.Z. "Material removal in WEDM of PCD blanks" Journal of Engineering for Industry August 1994, Vol. 116 363-369.

[6] Williams R.E. e Rajurkar K.P. "Study of Wire Electrical Discharge achined Surface Characteristics" Journal of Material Processing Technology 28 (1991) 127-138.

[7] Spur G. e Schonbeck J. "Anode erosion in Wire-EDM - A Theoretical Model" Annals of the CIRP Vol. 42/1 (1993) 253-257.

[8] Levy G.N. "Environmentally Friendly and High Capacity Dielectric Regeneration for Wire EDM" Jan 15, 1993 Annals of the CIRP Vol. 42/1 (1993) 227-230.

[9] Tariq S. e Pandey P.C. "Experimental investigations into the performance of water as dielectric in EDM" International Journal of Machine tool Design & Research Vol 24 No.1 31-43.

[10]Kumagai S., Sato N. e Takeda K., "Combinação de capacitância e fluido de trabalho condutor para acelerar o fabrico de um furo estreito e profundo na maquinagem por descarga eléctrica utilizando um elétrodo de fio com dielétrico" International Journal of Machine Tools & Manufacture 46 (2006) 1536-1546.

[11]Banadeki G.H.D., Murti V.S.R. e Rao J.V. "Identification and Optimization of Process Parameters affecting Wire rupture in WEDM" 9-12 de junho (1992), Conferência Internacional sobre Aplicações de Engenharia Mecânica, Universidade de Tecnologia Sharif, Teerão, IR. Irão 366-371.

[12]Kim e Kruth, "Influence of the Electrical Conductivity of Dielectric on WEDM of Sintered Carbide", KSME International Journal, Vol 15, No. 12 (2001) 1676-1682.

[13]Kozak J., Rajurkar K.P. e Chandarana N. "Machining of low electrical conductive materials by wire electrical discharge machining (WEDM)" Journal of Materials Processing Technology, Vol.149 (2004) 266-271.

[14]Okada A., Uno V, Nakazawa M. e Yamauchi T., "Evaluations of spark distribution and wire vibration in wire EDM by high-speed observation", CIRP Annals - Manufacturing Technology, 59 (2010) 231-234.

[15]Schacht B., Kruth J.P., Lauwers B. e Vanherck.P., "The skin-effect in ferromagnetic electrodes for wire-EDM", Int J Adv Manuf Technology, (2004) Vol:23, 794-799.

[16]Cheng G., Han F. e Feng Z., "Experimental determination of convective heat transfer coefficient in WEDM", International Journal of Machine Tools & Manufacture, Vol: 47 (2007) 1744-1751.

[17]Chega e Liao, "An on-line pulse trains analysis system of the wire-EDM process",

Journal of Materials Processing Technology, Vol:209 (2009) 44174422.
[18]Sorabh, Manoj Kumar,Neeraj Nirmal: "A LITERATURE REVIEW ON OPTIMIZATION OF MACHINING PARAMETERS IN WIRE EDM" Revista internacional de investigação mais recente em ciência e tecnologia, Vol.1, Issue 1, (Jan, Feb - 2013) 492-494.
[19]Gokler, "Experimental investigation of effects of cutting parameters on surface roughness in the WEDM process", International Journal of Machine Tools & Manufacture, 40 (2000) 1831-1848.
[20]Tosun N., Cogun C. e Tosun G., "A study on kerf and material removal rate in WEDM based on Taguchi method", Journal of Materials Processing Technology, Can Vol:152 (2004) 316-322.
[21]Sanchez J.A., Rodil J.L., Herrero A., L.N. Lopez de Lacalle e A. Lamikiz, "On the influence of cutting speed limitation on the accuracy of wire-EDM corner-cutting", Journal of Materials Processing Technology, vol:182 (2007) 574-579.
[22]Watanabe H., Sato T., Suzuki I. "WEDM Monitoring with a Statistical pulse - classification Method" Annals of CIRP, Vol. 39/1/90.
[23]Marin Gostimirovic*, Pavel Kovac, Milenko Sekulic e Branko Skoric: "Influência da energia de descarga nas caraterísticas de maquinagem em EDM" Journal of Mechanical Science and Technology 26 (1) (2012) 173~179.
[24]S Sivakiran, C. Bhaskar Reddy, C. Eswara reddy: "Efeito dos parâmetros do processo no Mrr na maquinagem por descarga eléctrica de fio do aço En31" Revista Internacional de Investigação e Aplicações de Engenharia (IJERA) ISSN: 2248-9622 www.ijera.com Vol. 2, Issue 6, (novembro-dezembro de 2012), 12211226.
[25]Jaganathan Pa, Naveen kumar Tb, Dr. R.Sivasubramanianc : "Otimização dos Parâmetros de Maquinação do Processo WEDM Utilizando o Método Taguchi" Jornal Internacional de Publicações Científicas e de InvestigaçãoISSN 2250-3153, Volume 2, Edição 12, (dezembro de 2012) 1-9.
[26]Marin Gostimirovic: "Influence of discharge energy on machining characteristics in EDM" Journal of Mechanical Science and Technology Volume 26, Issue 1, 173-179.
[27]Dekeyser W., snoeys R. e jennes "Expert System for Wire cutting EDM, based on pulse classification and thermal modeling" Robotics & Computer- Integrated Manufacturing, Vol. 4, No. 1/2, 219-224.
[28]Wong Y.S., Rahmana M., Lima H.S., Han H., and Ravi N. "Investigation of micro-EDM material removal characteristics using single RC-pulse discharges" Journal of Materials Processing Technology 140 (2003) 303-307.
[29]Juhr H., Schulze H.-P., Wollenberg G. e Kunanza K. "Improved cemented carbide properties after wire-EDM by pulse shaping" Journal of Materials Processing Technology 149 (2004) 178-183.
[30]Scott F., Miller, Albert J., Shih e Jun Qub " Investigação do ciclo de faíscas na taxa de remoção de material na maquinagem por descarga eléctrica com fio de materiais avançados materiais" International Journal of Machine Tools & Manufacture 44 (2004) 391-400.
[31]Liao Y.S., Huang J.T. e Chena Y.H. "A study to achieve a fine surface finish in Wire-EDM", Journal of Materials Processing Technology 149 (2004) 165171.
[32]Harshadkumar C. Patel, Dhaval M. Patel, Rajesh Prajapati: "Parametric Analysis And Mathematical Modelling Of MRR And Surface Roughness For H-11 Material On Wire Cut EDM By D.O.E Approach" International Journal of Engineering Research and Applications

(IJERA) ISSN: 2248-9622 www.ijera.com Vol. 2, Issue4, (July-August 2012), 1919-1924.

[33]Mu-Tian Yan, Yi-Peng Lai "Surface quality improvement of wire-EDM using a fine-finish power supply", International Journal of Machine Tools & Manufacture 47 (2007) 1686-1694.

[34]Mu-Tian Yan e Hsing-Tsung Chien "Monitoring and control of the micro wire-EDM process" - International Journal of Machine Tools & Manufacture 47 (2007) 148-157.

[35]Rajurkar K.P. and Wang W.M. "Thermal modeling and on - line Monitoring of Wire EDM" Journal of Material Processing Technology, 38 (1993) 417430.

[36]Mu-Tian Yan e Yi-Peng Lai "Surface quality improvement of wire-EDM using a fine-finish power supply", International Journal of Machine Tools & Manufacture, 47 (2007) 1686-1694.

[37]Puri A.B. and Bhattacharyya B. "An analysis and optimization of the geometrical inaccuracy due to wire lag phenomenon in WEDM" International Journal of Machine Tools & Manufacture 43 (2003) 151-159.

[38]Guo Z.N., Yue T.M., Lee T.C. e Lau W.S. "Computer simulation and characteristic analysis of electrode fluctuation in wire electric discharge machining" Journal of Materials Processing Technology 142 (2003) 576-581.

[39]Puri A.B. and Bhattacharyya B. "Modelling and analysis of the wire-tool vibration in wire-cut EDM" Journal of Materials Processing Technology 141 (2003) 295-301.

[40]Takayuki Tani, Yasushi Fukuzawa, Naotake Mohri, Nagao Saito e Masaaki Okada "Machining phenomena in WEDM of insulating ceramics" Journal of Materials Processing Technology 149 (2004) 124-128.

[41]Mu-Tian Yan e Chi-Cheng Fang "Application of genetic algorithm-based fuzzy logic control in wire transport system of wire-EDM machine" Journal of Materials Processing Technology 199 (2008) 10 Pages.

[42]Kinohita N., Fukui M. e Shichida H. "Study on EDM with Wire Electrode; Gap Phenomena" Annals of the CIRP Vol. 25/1/1976 141-144.

[43]Dauw D.F., Sthil H., Delpretti R. e Tricarico C. "Wire analysis and control for Precision EDM Cutting" Annals of the CIRP Vol. 38/1/1989 Jan 23, 91989) 191-194.

[44]Kinohita N., Fukui M. e Shichida H. "Study on EDM with Wire Electrode; Gap Phenomena Annals of the CIRP Vol. 25/1/1976 141-144.

[45]Ivano Beltrami, Axel Bertholds e Dirk Dauw "A Simplified post process for wire cut EDM" AGIE LTD, Switzerland Journal of Materials Processing Technology- Vol. 58 (1996) 385-389.

[46]Luo Y.F. "Rupture failure and mechanical strength of the electrode wire used in wire EDM" Journal of Materials Processing Technology 94 (1999) 208-215.

[47]Kruth J.P., Lauwers B., Schacht B. e Humbeeck J.V. "Composite Wires with High Tensile Core for Wire EDM" Journal of Materials Processing Technology 149 (2004) 201-205.

[48]Dauw D.F. e Albert L. "About the Evolution of Wire Tool Performance in Wire EDM" Annals of the CIRP Vol. 41/1/1992 221-225.

[49]Jerzy Kozak, Kamlakar, Rajurkar P. e Niraj Chandarana "Machining of low electrical conductive materials by wire electrical discharge machining (WEDM)" Journal of Materials Processing Technology 149 (2004) 266-271.

[50]Klocke F., Lung D., Thomaidis D. e Antonoglou G., "Using ultra thin electrodes to produce micro-parts with wire- EDM", Journal of Materials Processing Technology, 149

(2004) 579-584.
[51]Mingqi L., Minghui L.e Guangyao X., "Study on the Variations of Form and Position of the Wire Electrode in WEDM-HS", Int J Adv Manuf Technology, (2005) vol:25 929-934.
[52]Kruth. J.P., Lauwersa.B., Schachta.B. e van Humbeeck.J. "Composite Wires with High Tensile Core for Wire EDM" CIRP Annals - Manufacturing Technology vol 53, Issue 1, (2004) 171-174.
[53]Xiaodong Yang, Chunwei Xu e Masanori Kunieda, "Miniaturização da WEDM utilizando o método de alimentação por indução eletrostática", Precision Engineering, 34 (2010) 279-285.
[54]Liao Y.S., Huang J.T. e Chen Y.H., "A study to achieve a fine surface finish in Wire-EDM", Journal of Materials Processing Technology, 149 (2004) 165171.
[55]Mu-Tian Yan e Yau-Jung Shiu, "Theory and application of a combined feedback-feed forward control and disturbance observer in linear motor drive wire-EDM machines", International Journal of Machine Tools & Manufacture, 48 (2008) 388-401.
[56]Hiremath S.S., e Mishra P.K. "On some aspect of erosion rate in Wire cut Electro-Discharge Machining", 13th AIMTDR Conference ,Jadavpur univ, (1988) 07-10.
[57]Banerjee S., Prasad B.V.S.S.S. and Mishra P.K "A simple model to estimate the thermal loads on an EDM wire electrode" Journal of Materials Processing Technology, 39 (1993) 305-317.
[58]Rajurkar K. P. and Wang W. M. "Thermal modeling and on-line monitoring of wire-EDM" Journal of Materials Processing Technology, Volume 38, Issues 12, February (1993) 417-430.
[59]Mohammad Jafar Haddad e Alireza Fadaei Tehrani "Investigation of cylindrical wire electrical discharge turning (CWEDT) of AISI D3 tool steel based on statistical analysis" Journal of Materials Processing Technology 198 (2008) 77-85.
[60]Kanlayasiri K. e Boonmung S. "Effects of wire-EDM machining variables on surface roughness of newly developed DC 53 die steel: Projeto de experiências e modelo de regressão"- Journal of Materials Processing Technology 192-193 (2007) 459-464.
[61]Kanlayasiri K. e Boonmung S. "An investigation on effects of wire-EDM machining parameters on surface roughness of newly developed DC53 die steel" Journal of Materials Processing Technology 187-188 (2007) 26-29.
[62]Ali MOARREFZADEH: "Study of workpiece thermal profile in Electrical Discharge Machining (EDM) process" WSEAS TRANSACTIONS on APPLIED and THEORETICAL MECHANICS E-ISSN: 2224-3429 Issue 2, Volume 7, (April 2012) 83-92.
[63]Aminollah Mohammadi, Alireza Fadaei Tehrani, Ehsan Emanian e Davoud Karimi "Statistical analysis of wire electrical discharge turning on material removal rate" Journal of Materials Processing Technology (2008) 171-177.
[64]Haddad, M.J. e Fadaei Tehrani A. "Estudo da taxa de remoção de material (MRR) no processo de torneamento por descarga eléctrica com fio cilíndrico (CWEDT)" Journal of Materials Processing Technology 199 (2008) 369-378.
[65]Tarng Y.S., Ma S.C. and Chung L.K. "Determination of optimal cutting parameters in Wire Electrical Discharge Machining" International Journal of Machine Tools and Manufacture Vol.35 , No.12 (1995) 1693-1701.
[66]Jesudas T., Arunachalam R.M., Jayakumar K.S. e Thiraviam R. "Parametric optimization of wire EDM- A Taguchi approach" Manufacturing Technology Today, Vol.9 (August 2007) 9-12.

[67]Rajurkar K.P. e Wang W.M. "WEDM Identification and Adaptive Control for Variable-Height Components" (1994) Annals of the CIRP Vol. 43/1/1994 199-204.
[68]Lok Y.K., and Lee T.C. "Processing of Advanced Ceramics using Wire-cut EDM Process" Journal of Materials Processing Technology 63 (1997) 839-843.
[69]Shajan Kuriakose "Characteristics of wire-electro discharge machined Ti6Al4V surface" Journal of Materials Letters 58 (2004) 2231-2237.
[70]Ahmet Hascalyk e Ulas Cayda, "Experimental study of wire electrical discharge machining of AISI D5 tool steel" Journal of Materials Processing Technology 148 (2004) 362-367.
[71]Kadam MS, Basu SK "Optimization of the machining parameters in Wire Electrical Discharge Machining Process using Genetic Algorithm" Manufacturing Technology Today, June 2007 10-15.
[72]Rao Ch.V.S.P. and Sarcar M.M.M. "Experimental Evaluation of Mathematical correlations for machining Tungsten carbide with CNC WEDM" International Journal of Emerging Technologies and Applications in Engineering,
Tecnologia e Ciências em julho-dezembro (2008) IJ-ETA-ETS (ISSN: 0974-3588) 139-145.
[73]Rao Ch.V.S.P. and Sarcar M.M.M. "Experimental Study and Development of Mathematical Relations for Machining Copper using CNC WEDM" Material Science Research India Vol. 5(2), ISSN: 09733469 (Dec -2008) 417-422.
[74]Rao Ch.V.S.P. and Sarcar M.M.M. "Evaluation of Optimal Parameters for machining Brass with Wire cut EDM" Journal of Scientific and Industrial Research ISSN 0022-4456 Volume 68, Issue 1, (Jan-2009) 32-35.
[75]Rao Ch.V.S.P. and Sarcar M.M.M. "Experimental Investigation and Development of Mathematical Correlations of Cutting Parameters for Machining Graphite with CNCWEDM" Journal of Mechanical Engineering, Vol. ME40, No. 1, June 2009 The Institution of Engineers, Bangladesh 63-66.
[76]Shajan Kuriakose, Kamal Mohan e Shunmugam M.S "Data mining applied to wire-EDM process" Journal of Materials Processing Technology 142 (2003) 182-189.
[77]Shajan Kuriakose, and M.S. Shunmugam "Multi-objective optimization of wire-electro discharge machining process by Non-Dominated Sorting Genetic Algorithm" Journal of Materials Processing Technology 170 (2005) 133-141.
[78]Hewidy M.S., Taweel T.A. and Safty M.F. "Modeling the machining parameters of wire electrical discharge machining of Inconel 601 using RSM" Journal of Materials Processing Technology 169 (2005) 328-336.
[79]Prakash C.P. and Ranganath B.J. "Regression Analysis Approach for predicting Process output Variables in WEDM" Manufacturing Technology & Management, (April-June 2007) 25-28.
[80]Kannan G., Senthil P. e Noorul Haq A. "Machining parameter optimization of Wire cut EDM Machine using Taguchi's design of Experiment (DOE)" Manufacturing Technology Today, (2008) 18-22.
[81]Mohammadi A., Alireza Fadaei Tehrani, Ehsan Emanian e Davoud Karimi "Statistical analysis of wire electrical discharge turning on material removal rate", Journal of Materials Processing Technology, Vol: 205 (2008) 283-289.
[82]Hana F., Zhang J. e Soichiro I. "Corner error simulation of rough cutting in wire EDM" Precision Engineering 31 (2007) 331-336.
[83]Levy G.N. "3 D Wire travel E.D.M.- The state of the art" 10th International conference

on Design and Research 16-18 Sep 1981 Manchester 403-411.
[84]Fujun R., Guangbin L. e Yiabin Z. "The study of the Simulation Technique in Wire-cutting EDM" Actas da 11ª Conferência Internacional sobre Investigação em Produção, (1991) 889-891.
[85]Huang Y.H., Zhao G.G., Zhang Z.R. e Yu C.Y. "The identification and its means of Servo Feed Adaptive Control System in WEDM" Annals of the CIRP Vol. 35/1/1986 121-123.
[86]Snoeys R., Dekeysor W. e Tricarico C. "Knowledge-based System for Wire EDM" Annals of CIRP, Vol.37/1/88.
[87]Krut J.P., Snoeys R., Lauwers B., Juwet M. e Leuven K.U. "A Generalized Post-Processor and Planner for Five Axes Wire EDM- Machines" Jan 13 (1998) Annals of the CIRP Vol. 37/1/1988 203-208.
[88]Ho K.H. e Newman S.T. "State of the art electrical discharge machining(EDM)" Int. J. of Machine Tools and Manufacture 43 (2003), pp1287-1300.2009: pp. 3158-3168.
[89]A. Herreroa, L. Uriartea, J. Esmorisa, J.A. Sanchezb, L.N. Lopez de Lacalleb: "Discussion on Thin WEDM Error Analysis and Characterisation" 200X. Publicado por Elsevier Ltd. Microfabricação multimaterial.
[90]A. Herreroa, S. Azcaratea, A. Reesb, A. Gehringerc, A. Schothc, J.A. Sanchezd: "Influence of Force Components on Thin Wire EDM" MultiMaterial Micro Manufacture, © 2008 Cardiff University, Cardiff, UK. Publicado por Whittles Publishing Ltd.
[91]Mohd Ahadlin Mohd Daud, Mohd Zaidi Omar, Junaidi Syarif Zainuddin Sajuri: "EFFECT OF WIRE-EDM CUTTING ON FATIGUE STRENGTH OF AZ61 MAGNESIUM ALLOY" Jurnal Mekanikal June 2010, No. 30, 68 - 76.
[92]M. N. Islam, N. H. Rafai, e S. S. Subramanian: "An Investigation into Dimensional Accuracy Achievable in Wire-cut Electrical Discharge Machining" Actas do Congresso Mundial de Engenharia 2010 Vol III WCE 2010, 30 de junho - 2 de julho de 2010, Londres, Reino Unido. 2476.
[93]https://developer.xamarin.com/guides/cross-plataforma/getting_started/introduction_to_mobile_sdlc/
[94]Perla Sreenivasa Rao, Ch.V.S.Parameswararao, K.Ravindra "Experimental Investigations on Wire Selection and Parametric Control for Machining with WEDM" International Journal of Emerging Technologies and Applications in Engineering, Technology and Sciences (IJ-ETA-ETS), ISSN: 0974-3588, JAN -JUNE 2014, Volume 7, Issue 1, 78-82.
[95]Perla Sreenivasa Rao, Ch.V.S.Parameswararao, K.Ravindra "Experimental Studies on Parametric Influence on Machining of Titanium with WEDM" International Journal of Engineering and Technical Research (IJETR), ISSN: 2321-0869, Volume2, Issue-5, (May 2014) 230-233.
[96]Perla Sreenivasa Rao, Ch.V.S.Parameswararao, K.Ravindra "Study of Parametric Influence in Machining Inconel with WEDM" International Journal of scientific research and management (IJSRM),Volume 2, Issue 10, ISSN: 2321-3418, (June 2014)1579-1582.
[97]Perla Sreenivasa Rao, Dr.K.Ravindra "Evaluation of Parametric Control for Machining with WEDM and Machinability Index" Global Journal of Researches in Engineering: A Mechanical and Mechanics Engineering, Volume 15, Issue 1, Version 1.0, Global Journals Inc (USA), online ISSN: 2249-4596, Print ISSN: 0975-5861.
[98]NBV Prasad, Ch.V.S.ParameswaraRao,: "Studies on Wire selection for machining with WEDM" International Journal of Computer Science Trends and Technology (IJCST) -

Volume 3 Issue 3, (May-June 2015) 300-303.
[99]NBV Prasad, Ch.V.S.ParameswaraRao: "Experimental Studies on parametric control for Machining Graphite with CNC WEDM" International Journal of Engineering Trends and Applications (IJETA) - Volume 2 Issue 6, (Nov-Dec 2015) 29-37.
[100] M. P. Groover, Automation, Production Systems, and Computer-integrated Manufacturing, Terceira Edição, PHI.

LISTA DE PUBLICAÇÕES

Revistas internacionais

(1) S. Sivanaga MalleswaraRao, K. Hemachandra Reddy 'Previsão e otimização dos parâmetros do processo de maquinagem por descarga eléctrica de corte a fio para aço rápido (HSS)'. *Jornal Internacional de Computadores e Aplicações.* Volume 39, Edição 3 (2017) pp 140-147. (Revista indexada SCOPUS).
doi: http://dx.doi.org/10.1080/1206212X.2017.1309219
ISSN: 1206-212X (impresso) 1925-7074(em linha)
Índice SJR: 0,116, índice H: 11

(2) S. Sivanaga MalleswaraRao, K. Hemachandra Reddy 'Investigações experimentais sobre vibração do fio, lacuna de faísca, MRR e rugosidade da superfície em WEDM para aço HC-HCr'. *Revista Internacional de Engenharia Mecânica e Tecnologia,* Volume 8, Edição 8 agosto de 2017 pp127-139. (Revista indexada SCOPUS).
doi: http://www.iaeme.com/IJMET/issues.asp?JType=IJMET&VType=8&IType=8 **ISSN**: 0976-6340 (impresso) 0976-6359 (em linha)
Índice SJR: 0,13, índice H: 13

(3) S. Sivanaga MalleswaraRao, K. Hemachandra Reddy 'Desenvolvimento de aplicativo móvel em Android, iOS e Windows para avaliação de parâmetros de usinagem ideais em WEDM'. Revista Internacional de Pesquisa em Engenharia Aplicada, Volume 12, Número 21 (2017) pp 11198-11204. (Revista indexada SCOPUS e aprovada pela UGC nº: 64529).
doi: https://www.ripublication.com/ijaer17/ijaerv12n21_96.pdf
ISSN: 0973-4562
Índice SJR: 0,149, índice H: 13

Detalhes da patente

Número do pedido: **201741018671**
Nome do requerente: **S. Sivanaga MalleswaraRao, K. Hemachandra Reddy**
Data de registo: **27/05/2017**
Título da invenção: **Sistema e método implementados por computador para avaliar os parâmetros óptimos de maquinagem utilizando WEDM.**
Data de publicação: **09/06/2017**
Estado: **Pedido à espera de exame**

Cartas de recomendação na perspetiva da utilização:

1. CENTRAL INSTITUTE OF TOOL DESIGN (uma sociedade do Governo da Índia, Ministério da MPME), Balanagar, HYDERABAD - 500 037, ÍNDIA.
2. PMI Toolings Private Limited, ALEAP I.E., Near Pragathi Nagar, Kukatpally, Hyderabad-500090, ÍNDIA.
3. PURNODAYA CNC WIRE TECHNOLOGIES, Shobana Colony, Balanagar, Hyderabad-500042, ÍNDIA.

Todas as cartas acima referidas foram incluídas no anexo do relatório.

Cartas de recomendação na perspetiva do fabricante WEDM:

1. Electronica Hitech Machine Tools Pvt. Ltd., S. No: 194, Pune Saswad Road, Pune-412308, ÍNDIA. (www.electronicahitech.com)
2. SPARKONIX (INDIA) PRIVATE LIMITED, MIDC, Pimpri, Pune-411018, INDIA. (www.sparkonix.com)
3. Computerized Machines and System Controls (CMAS), 13/A1, Kannagi St.,

Madipakkam, Chennai-600 091, ÍNDIA.
Todas as cartas acima referidas foram incluídas nos apêndices do relatório.

APÊNDICE

Previsão e otimização de parâmetros de processo na maquinação por descarga eléctrica de aço rápido (HSS)

S. Sivanaga Malleswara Rao, K. Venkata Rao, K. Hemachandra Reddy & Ch. V. S. Parameswara Rao

Para citar este artigo: S. Sivanaga Malleswara Rao, K. Venkata Rao, K. Hemachandra Reddy & Ch. V. S. Parameswara Rao (2017): Previsão e otimização de parâmetros de processo na usinagem de descarga elétrica de corte de arame para aço de alta velocidade (HSS), International Journal of Computers and Applications

Para aceder a este artigo: http://dx.doi.org/10.1080/1206212X.2017.13Q9219

Previsão e otimização dos parâmetros do processo de maquinagem por descarga eléctrica com fio para aço rápido (HSS)

S. Sivanaga Malleswara Rao[a], K. Venkata Rao[b]*†, K. Hemachandra Reddy[a] e Ch. V. S. Parameswara Rao[b]

[a]Departamento de Engenharia Mecânica, JNTUA College of Engineering, Ananthapuramu, Índia;[b] PBR Visvodaya Institute of Technology and Science, Kavali, Índia

RESUMO

Este artigo investiga o efeito de parâmetros como a corrente de descarga, a potência, a velocidade de corte e a abertura de faísca na rugosidade da superfície para diferentes espessuras de chapas de aço rápido na maquinagem por descarga eléctrica com fio. Foram efectuadas experiências com diferentes níveis de corrente de descarga em diferentes níveis de espessura de chapa e foram obtidos resultados experimentais de rugosidade superficial, centelha e velocidade de corte. Foram encontrados experimentalmente parâmetros de processo óptimos para cada espessura de chapa e validados com os modelos de Redes Neuronais Artificiais (RNA) e Máquinas de Vectores de Suporte (SVM). Os modelos ANN e SVM foram desenvolvidos separadamente e treinados com dados experimentais. Os modelos foram utilizados para prever a corrente, a velocidade de corte e a abertura de faísca para a rugosidade da superfície e a espessura da placa pretendidas. O erro máximo entre os valores experimentais e os valores previstos foi inferior a 5% para os dois modelos.

HISTÓRIA DO ARTIGO

Recebido a 30 de março de 2016
Aceite em 16 de fevereiro de 2017

PALAVRAS-CHAVE

WEDM; HSS; redes neurais artificiais; máquinas de vectores de apoio; otimização

1. Introdução

A maquinagem por descarga eléctrica com fio (WEDM) é um processo de maquinagem não convencional que é utilizado para maquinar metais duros, super ligas, compósitos, materiais intermetálicos e metais de baixa maquinabilidade. No WEDM, o fio de latão é normalmente utilizado como ferramenta e é alimentado através de uma placa de metal sob um fluido dielétrico para cortar placas até uma espessura de 300 mm [1]. O WEDM foi considerado um processo de maquinação electrotérmica extremamente potencial na maquinação de materiais eletricamente condutores e difíceis de maquinar. Devido à sua elevada capacidade de processamento, é amplamente utilizada no fabrico de engrenagens especiais, cames, peças complexas e também no fabrico de matrizes e moldes, etc. A EDM tornou-se uma das operações essenciais em várias indústrias transformadoras, como a aeroespacial, a automóvel e a indústria de moldes e matrizes [2,3]. Na EDM por corte de fio, é necessário obter uma elevada taxa de remoção de metal (MRR) e uma boa igualdade de superfície. Ao mesmo tempo, a seleção do valor da corrente é muito importante e afecta a MRR, a rugosidade da superfície, o centelhador e a velocidade de corte. Assim, os investigadores têm vindo a utilizar diferentes técnicas de otimização para otimizar os parâmetros do processo para obter uma elevada MRR e rugosidade superficial para diferentes espessuras de placas [4-6].

Uma forma eficaz de resolver este problema é concentrar-se no estabelecimento de uma relação entre os parâmetros de maquinagem e os desempenhos dos critérios de maquinagem. Foram efectuados muitos trabalhos de investigação em diferentes materiais para estudar a influência de diferentes processos de parâmetros em espessuras específicas [7-11]. No presente estudo, foi considerada a maquinação WED de aço rápido (HSS) de diferentes espessuras. O material é bem conhecido para ferramentas de corte e ferramentas de conformação, com boa resistência à corrosão. Verifica-se ainda que é extremamente difícil de maquinar por um método convencional devido à sua excelente resistência e dureza. Vários investigadores relataram diferentes aspectos da maquinagem de muitos materiais ferrosos e não ferrosos de uma determinada espessura [12,13]. Foram realizados alguns trabalhos de investigação exaustivos sobre a avaliação dos critérios de maquinagem e das definições paramétricas para qualquer dimensão, tendo sido desenvolvidas relações matemáticas ou empíricas adequadas para determinar os parâmetros de maquinagem óptimos para a maquinagem deste material [14-16].

São utilizados diferentes tipos de técnicas de otimização como Taguchi, análise de variância, metodologia de superfície de resposta (RSM), algoritmo genético (GA), redes neurais artificiais (ANN), máquinas de vectores de apoio (SVM) e análise de relações cinzentas (GRA) para otimizar os parâmetros do processo para uma melhor qualidade da superfície e maquinagem. Rajyalakshmi e Ramaiah [1] utilizaram a análise da relação cinzenta baseada em Taguchi para a otimização dos parâmetros do processo em WEDM do Inconel 825. Realizaram 36 experiências na peça de trabalho e analisaram os resultados experimentais da rugosidade da superfície, da abertura de faísca e da MRR. Tzeng et al. [17] utilizaram uma abordagem híbrida combinada com ANN, RSM e GA para otimizar os parâmetros do processo de WEDM de tungsténio metálico. Foram realizadas dezoito experiências com diferentes níveis de parâmetros de processo. Os dados experimentais de rugosidade superficial e MRR foram estudados com uma abordagem híbrida para otimizar os parâmetros do processo. Hoang e Yang [18] realizaram experiências com uma liga de titânio para estudar o efeito da capacitância, da taxa de alimentação, da pressão de injeção de ar e da tensão de abertura na MRR, na rugosidade da superfície e no tamanho da fenda de corte. De acordo com a matriz ortogonal de Taguchi L27, foram realizadas 27 experiências e as respostas foram analisadas com a análise de Taguchi e a análise de variância. Verificou-se que a taxa de alimentação do fio, a capacitância e a espessura da placa eram

CONTACTO K. Venkata Rao kvenkatrama@gmail.com
†Universidade VFSTR, Vadlamudi, Índia

significativas. Prasad e Gopalakrishna [19] desenvolveram modelos matemáticos para o tamanho do corte e avaliaram a taxa de desgaste do fio na WEDM do metal AISI-D3. Uma técnica de otimização global é combinada com um algoritmo de pesquisa harmoniosa para procurar os parâmetros de processo ideais para obter um tamanho mínimo de corte e uma taxa de desgaste do fio. Arindam [20] utilizou diferentes técnicas de previsão, como ANN, recozimento simulado, GA e algoritmo de enxame de partículas, para prever os parâmetros óptimos do processo de WEDM. Entre elas, o modelo ANN é considerado o melhor modelo para prever os parâmetros do processo para obter a máxima MRR e a mínima taxa de desgaste.

Na WEDM, existe o risco de quebra do fio que afecta a eficiência global do processo. Nesta WEDM, a altura da peça de trabalho no corte provoca a quebra do fio. Por conseguinte, é necessária uma estimativa em linha da altura da peça de trabalho para controlar a altura. Shang et al. [21] desenvolveram um modelo preditivo utilizando SVM para estimar a altura da peça. Em seguida, ajuda a controlar a frequência de descarga para reduzir a altura. Xingsheng et al. [22] utilizaram SVM de mínimos quadrados para prever a rugosidade da superfície no servo-torneamento com ferramentas lentas. Foram efectuadas experiências com diferentes profundidades de corte, velocidades *do eixo C*, avanços, raios de ponta e ângulos de discretização. Foi desenvolvido um modelo de previsão para a rugosidade da superfície utilizando SVM de mínimos quadrados. O modelo preditivo revelou-se capaz de prever a resposta com menos erros. Entre todas as técnicas acima referidas, Taguchi, RSM, GRA e GA foram utilizadas para otimizar os parâmetros do processo, mas não podem prever os parâmetros para obter respostas de qualidade. Os métodos ANN e SVM foram utilizados com êxito por diferentes investigadores para prever os parâmetros do processo.

Com base na literatura acima referida, foi revelado que a corrente é um dos parâmetros importantes que afectam as respostas no WEDM. No entanto, foram realizados muito poucos trabalhos sobre o efeito da corrente nas respostas para diferentes espessuras de placas. No presente trabalho, foi efectuada uma tentativa de EDM

Tabela 1. Composição química do 18-4-1 HSS.

Elementos	% em peso.
Carbono	0.70
Manganês	0.25
Silício	0.20
Tungsténio	18.50
Crómio	3.75
Vanádio	1.10

de chapas HSS (18-4-1) de diferentes espessuras para selecionar o valor ótimo da corrente com base na espessura da chapa. Foram efectuadas experiências com diferentes níveis de corrente de descarga em diferentes níveis de espessura da placa e foram obtidos resultados experimentais de rugosidade da superfície, centelha e velocidade de corte. Foi também estudado o efeito de interação dos parâmetros na rugosidade da superfície para diferentes placas. Os modelos ANN e SVM foram desenvolvidos e treinados com dados experimentais para prever os parâmetros óptimos do processo.

2. Material da peça de trabalho

De acordo com a American Society for Testing and Materials, o HSS é designado com base na sua capacidade de maquinar metais a altas velocidades de corte. O HSS tem boa temperabilidade, resistência ao desgaste, tenacidade e resistência ao amolecimento térmico. A composição química do HSS é apresentada na Tabela 1.

3. Experimentação

O objetivo deste estudo é selecionar o valor adequado da corrente com base na espessura da chapa e na rugosidade da superfície. Foram efectuadas experiências em 19 placas de aço rápido com espessuras de 5, 7,5, 10, 12,5, 15, 17,5, 20, 25, 30, 35, 40, 45, 50, 55, 60, 65, 70, 75 e 80 mm. Para cada espessura de placa, o valor ótimo da corrente deve ser selecionado com base na rugosidade da superfície. Estes dados experimentais são utilizados para desenvolver modelos ANN e SVM, a fim de pré-ditar/selecionar um valor de corrente ótimo para o acabamento superficial necessário para a espessura de chapa em questão.

A Figura 1 mostra o diagrama linear da instalação experimental. A Figura 2 é a imagem fotográfica da instalação experimental e a Figura 3 mostra uma fotografia da faísca durante a maquinagem.

Em seguida, são definidos os parâmetros antes da maquinagem.

Modelo da máquina	: ELCUT 334 (Electronica Make)
Fluido dielétrico	: Água desionizada
Condutividade dieléctrica	: 38 mhos
Tensão do fio	: 70 N
Velocidade do fio	: 3,4 m/min

Diâmetro do fio : 0,25 mm
Material do fio : 66-34 Latão
Tensão de abertura : 90 volts

Foram preparados espécimes de material HSS de tamanho (20 x 40)mm de várias espessuras 5, 7.5, 10, 12.5, 15, 17.5, 20, 25, 30, 35, 40, 45, 50, 55, 60, 65, 70, 75, e 80 mm, respetivamente. A experimentação foi planeada em 19 experiências. Em cada experiência, foram utilizadas 4 a 5 amostras.

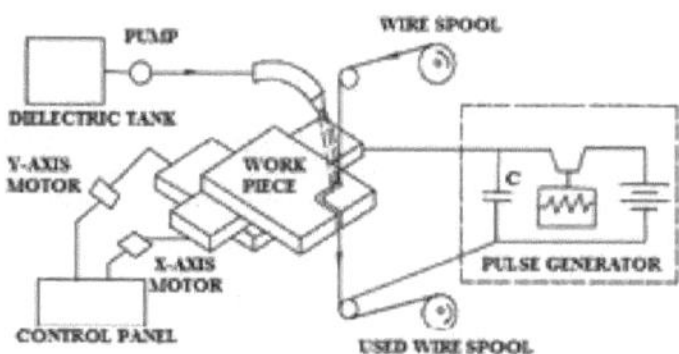

Figura 1. Diagrama linear da instalação experimental.

A maquinação foi efectuada nas amostras para cada espessura, cortando em forma de "L", variando a corrente de maquinação de um valor mais baixo para um valor em que a maquinação era consistente. Em cada espessura, foram medidos o valor da corrente de descarga (*I*), a velocidade de corte (CS) e o centelhador (SG). A corrente de descarga na qual a maquinação é consistente com corte contínuo e melhor acabamento de superfície com menos rutura de fio foi selecionada como óptima. Esses valores óptimos foram destacados com uma letra a negrito na Tabela 2. A velocidade de corte foi medida a partir da configuração da máquina, a rugosidade da superfície (Ra) foi medida utilizando o Talysurf para o corte em forma de 'L'. A largura de corte, Win mm, foi medida no corte em 'L' com um projetor de sombras/perfil e verificada com um microscópio. A centelha foi calculada a partir da largura de corte utilizando a seguinte relação:

$$W = d + 2 \times S_g \quad (1)$$

em que *d* é o diâmetro do fio em mm e S_g é o centelhador em |_tm.

Figura 2. Imagem fotográfica da instalação experimental. **Figura 3.** Fotografia da faísca durante a maquinação.

4. Resultados e discussão

Neste estudo, foram realizadas 95 experiências WEDM em HSS com fio de latão. Os resultados experimentais foram apresentados na Tabela 2. A partir desta tabela, os números de amostra 3, 8, 13, 16, 21, 25, 30, 35, 40, 45, 49, 55, 59, 64, 68, 74, 78, 84 e 89 foram considerados óptimos com base na rugosidade da superfície.

4.1. Efeito da corrente, da potência, da velocidade de corte e da abertura da faísca na rugosidade da superfície

A RSM foi utilizada para descobrir o efeito de interação dos parâmetros do processo na rugosidade da superfície. A RSM estabelece uma relação matemática entre as respostas e as variáveis de entrada da seguinte forma [23]:

$$y = f(x_1, x_2, x_3, \dots, x_n) \pm e_r \quad (2)$$

em que *y* é a resposta desejada e *f* é a função de resposta, variável dependente, e $x_1, x_2, x_3, \dots, x_n$ variáveis independentes e e_r é o erro de ajuste. A relação estabelecida é utilizada para prever a resposta para um determinado conjunto de parâmetros do processo, para descobrir os parâmetros significativos e para descobrir o efeito de interação dos parâmetros nas respostas.

A Figura 4 é o gráfico normal que apresenta o comportamento dos resíduos da rugosidade da superfície. O gráfico normal

dos resíduos para a rugosidade da superfície mostra que a maioria dos resíduos se encontra na linha reta e muito perto da linha.
Os gráficos tridimensionais para a rugosidade da superfície são apresentados nas Figuras 5(a)-(f). Os gráficos representam o comportamento da interação da corrente, potência, velocidade de corte e

Tabela 2. Resultados experimentais da WEDM.

Sample No.	Exp. No.	Thickness (mm)	Ra (µm)	I (Amp)	Power (Watts)	C S (mm/ min)	SG (µm)
1	1	5	2.14	1.50	135	3.00	42.0
2		5	2.33	2.00	180	3.25	44.0
3		5	2.02	2.50	225	3.40	48.0
4		5	2.21	2.75	247	3.42	50.0
5		5	2.65	3.00	270	3.31	50.0
6	2	7.5	2.09	2.50	225	2.20	48.0
7		7.5	2.1	2.75	247	2.40	50.0
8		7.5	2.07	2.84	255	2.75	51.0
9		7.5	2.25	3.15	283	2.60	53.0
10	3	10	2.19	2.75	247	2.10	49.0
11		10	2.17	3.00	270	2.20	50.0
12		10	2.15	3.15	283	2.25	50.0
13		10	2.13	3.22	290	2.32	52.0
14		10	2.16	3.30	297	2.30	53.0
15	4	12.5	2.19	3.00	270	1.95	50.0
16		12.5	2.15	3.59	323	2.02	50.0
17		12.5	2.16	3.75	337	2.02	54.0
18		12.5	2.17	4.00	360	2.00	54.0
19	5	15	2.21	3.50	315	1.60	52.0
20		15	2.2	3.75	337	1.70	53.0
21		15	2.17	3.93	354	1.79	54.0
22		15	2.19	4.10	369	1.80	55.0
23		15	2.18	4.20	378	1.70	56.0
24	6	17.5	2.21	4.00	360	1.52	54.0
25		17.5	2.2	4.15	373	1.59	55.0
26		17.5	2.18	4.27	384	1.61	56.0
27		17.5	2.19	4.50	405	1.58	57.0
28	7	20	2.23	4.30	387	1.35	55.0
29		20	2.22	4.50	405	1.41	56.0
30		20	2.2	4.60	414	1.46	57.0
31		20	2.21	4.70	423	1.47	58.0
32		20	2.24	4.80	432	1.45	59.0
33	8	25	2.3	4.80	432	1.10	57.0
34		25	2.28	5.10	459	1.20	59.0
35		25	2.25	5.20	468	1.23	59.0
36		25	2.27	5.30	477	1.05	60.0
37	9	30	2.34	5.30	477	0.95	59.0
38		30	2.33	5.50	495	0.97	60.0
39		30	2.32	5.60	504	1.02	60.0
40		30	2.3	5.75	517	1.05	61.0
41		30	2.31	5.85	526	1.00	62.0
42	10	35	2.39	5.85	526	0.80	62.0
43		35	2.38	6.00	540	0.85	62.0
44		35	2.37	6.10	549	0.89	63.0
45		35	2.35	6.23	561	0.91	63.0
46		35	2.36	6.40	576	0.86	64.0
47	11	40	2.44	6.40	576	0.68	63.0
48		40	2.43	6.50	585	0.73	64.0
49		40	2.4	6.66	599	0.79	64.0
50		40	2.42	6.80	612	0.79	66.0
51		40	2.41	6.90	621	0.76	67.0
52	12	45	2.46	6.80	612	0.60	63.0
53		45	2.45	6.90	621	0.65	64.0
54		45	2.44	7.00	630	0.67	65.0
55		45	2.42	7.04	633	0.70	66.0
56		45	2.43	7.10	639	0.67	68.0
57	13	50	2.45	7.10	639	0.56	65.0
58		50	2.46	7.20	648	0.58	67.0
59		50	2.43	7.35	661	0.61	68.0
60		50	2.44	7.40	666	0.62	69.0
61		50	2.45	7.50	675	0.58	69.0
62	14	55	2.47	7.50	675	0.52	67.0
63		55	2.46	7.55	680	0.53	69.0
64		55	2.44	7.61	685	0.54	70.0
65		55	2.45	7.70	693	0.52	71.0
66	15	60	2.49	7.60	684	0.45	71.0
67		60	2.48	7.70	693	0.47	71.5
68		60	2.45	7.80	702	0.48	72.0
69		60	2.46	7.90	711	0.48	73.0
70		60	2.47	7.95	715	0.47	74.0

Tabela 2. (*Continuação*)

Sample No.	Exp. No.	Thickness (mm)	Ra (µm)	I (Amp)	Power (Watts)	C S (mm/ min)	SG (µm)
71	16	65	2.51	7.80	702	0.39	70.0
72		65	2.5	7.85	706	0.40	71.0
73		65	2.49	7.90	711	0.41	72.0
74		65	2.47	7.95	715	0.42	73.7
75		65	2.48	8.00	720	0.40	74.0
76	17	70	2.51	7.90	711	0.35	72.0
77		70	2.52	7.95	715	0.36	74.0
78		70	2.48	8.04	723	0.37	75.3
79		70	2.49	8.10	729	0.37	76.0
80		70	2.5	8.15	733	0.36	77.0
81	18	75	2.53	7.80	702	0.31	75.5
82		75	2.52	7.90	711	0.32	76.3
83		75	2.49	8.07	726	0.33	76.9
84		75	2.5	8.10	729	0.32	76.9
85		75	2.51	8.15	733	0.31	76.0
86	19	80	2.54	7.80	702	0.29	75.0
87		80	2.53	7.90	711	0.30	76.0
88		80	2.52	8.00	720	0.30	77.0
89		80	2.5	8.08	727	0.30	78.4
90		80	2.52	8.10	729	0.28	78.0

A Figura 5(b) mostra a influência do centelhador na rugosidade da superfície a partir dos gráf:cos. A partir da Figura 5(a), verificou-se que a rugosidade da superfície é mínima na interação de 8,15 A de corrente e 135 W de potência. A partir da Figura 5(b), verificou-se que a rugosidade da superfície é mínima na interação de 8,15 A de corrente e 3,45 mm/min de velocidade de corte. A Figura 5(c) mostra que a rugosidade da superfície é mínima na interação de 8,15 A de corrente e 42 pm de centelha. Na Figura 5(d), verifica-se que a rugosidade da superfície é mínima na interação de 135 W de potência e 3,45 mm/min de velocidade de corte. Na Figura 5(e), verifica-se que a rugosidade da superfície é mínima na interação de 135 W de potência e 78,45 pm de centelha. Como se mostra na Figura 5(f), não há efeito significativo da interação entre a velocidade de corte e a centelha.

5. Otimização e previsão

No presente estudo, foram desenvolvidos modelos ANN e SVM para otimizar e prever a corrente, a potência, a velocidade de corte e a abertura de faísca para obter uma rugosidade mínima da superfície em qualquer espessura de placas.

5.1. ANN

Foi construída uma rede neural de quatro camadas 2-6-6-4 com dois nós na primeira camada, seis nós em cada camada oculta e quatro nós na quarta camada. A espessura e a rugosidade da superfície são consideradas como neurónios na primeira camada e a corrente, a potência, a velocidade de corte e o centelhador são considerados como neurónios na quarta camada. São utilizados vários neurónios nas camadas ocultas, examinando diferentes redes neuronais [24]. A rede foi treinada com o algoritmo de retropropagação. A rede feed-forward

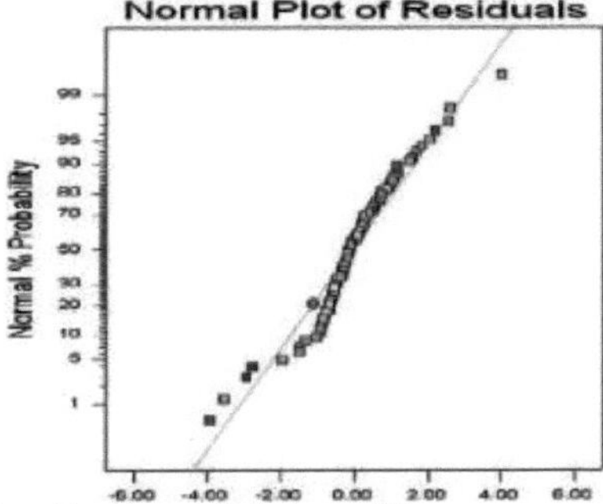

Figura 4. Probabilidades normais de resíduos de rugosidade da superfície.

é uma das subclasses das redes acíclicas e tem ligações dos nós da primeira camada à segunda camada e assim sucessivamente. A rede foi representada numa sequência de um número de nós desde a primeira camada até à última camada. O algoritmo de retropropagação mede o gradiente negativo do erro e os pesos das ligações são modificados. Isto minimiza o erro médio quadrático entre os valores de saída da rede e os valores desejados. Quando o erro de formação é considerado mínimo, a rede pode ser utilizada para prever respostas [25].

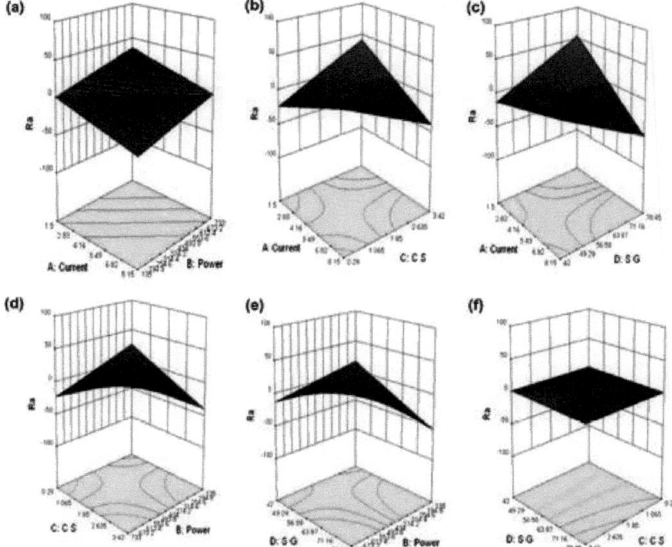

Figura 5. Efeito da interação da corrente, potência, velocidade de corte e centelha na rugosidade da superfície.

No presente trabalho, foram examinadas diferentes redes com diferentes combinações de neurónios nas camadas ocultas e, com seis neurónios em cada camada oculta, verificou-se que o erro de treino e os erros de validação eram inferiores ao erro pretendido, como mostra a Figura 6. A rede neural foi construída, treinada e testada utilizando o software Easy NN plus. A rede foi treinada com dados experimentais, utilizando o algoritmo de retropropagação feed forward. Como mostra a Figura 7, a rede foi treinada com 69 amostras e 16 amostras foram dadas para validação. Dez amostras óptimas (3, 14, 33, 39, 44, 53, 63, 73, 83 e 94) foram retiradas da Tabela 2 para testar os resultados do modelo ANN. A rede foi treinada com uma taxa de aprendizagem de 0,6 e com o momentum

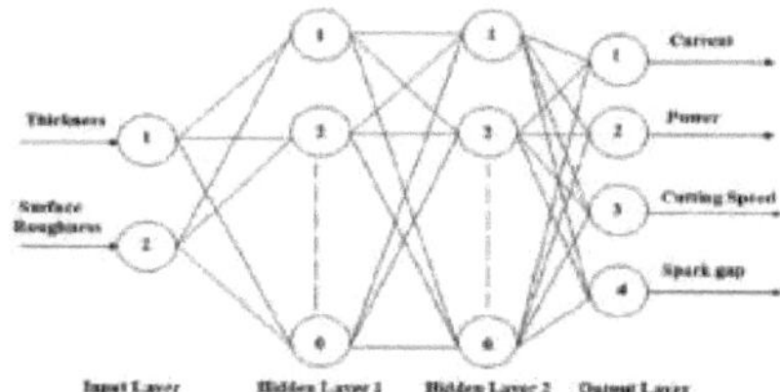

Figura 6. Rede neural 2-6-6-4.

A diminuição da taxa de aprendizagem melhora a precisão da generalização e a velocidade de treino [26]. O treino da rede é interrompido após 50 500 ciclos quando o erro de treino (0,00036675) e o erro de validação (0,00191953) são inferiores ao erro pretendido (0,01). O próprio software seleciona os pesos das ligações de acordo com as amostras dadas para treino. Como se mostra na Figura 7, o peso entre a camada de entrada e a camada oculta 1 é selecionado como 12, 36 é selecionado como peso entre duas camadas ocultas e o peso entre a camada oculta 2 e a camada de saída é selecionado como 24. O software treinado é utilizado para prever a corrente, a potência, a velocidade de corte e o centelhador. Os valores previstos são apresentados no quadro 3.

5.2. Máquina de vectores de suporte para regressão

A máquina de vectores de suporte foi introduzida por Vanpik em 1998 [27] para a classificação de problemas de regressão de boa generalização. Uma grande quantidade de dados de treino é utilizada no treino da rede neural, mas no caso da SVM, uma quantidade menor de dados de treino é suficiente para desenvolver modelos matemáticos de modo a prever respostas com precisão [28]. A função linear é formulada no espaço de caraterísticas de alta dimensão, com a forma de uma função dada a seguir:

$$y(x) = w^T \varphi(x) + b \qquad (3)$$

onde, $<p(x)$ é o espaço de caraterísticas de alta dimensão, que é mapeado não linearmente a partir do espaço de entrada x. O vetor de peso w e a polarização b são estimados através da minimização.

$$R(c) = C\frac{1}{n}\sum_{i=1}^{n} L(d_i, y_i) + \frac{1}{2}w^2 \qquad (4)$$

onde,

$$L_\varepsilon(d,y) = \begin{cases} |d-y| - \varepsilon, & |d-y(x)| \geq \varepsilon \\ 0, & \text{otherwise} \end{cases} \qquad (5)$$

caso contrário

$L\ (d, y)$ é designada por função de perda intensiva de e. Esta função indica que os erros inferiores a ε não são penalizados. O termo $C\frac{1}{n}\sum_{i=1}^{n} L(d_i, y_i)$ é o erro empírico. $\frac{1}{2}w^2$ mede a suavidade da função. Tanto C como e são parâmetros prescritos, e é designado por tamanho do tubo do SVM e C é a constante de regularização que determina o compromisso entre o erro empírico e o termo regularizado.

O modelo SVM é treinado com 85 amostras e é utilizado para prever a corrente, a potência, a velocidade de corte e a abertura da faísca. O software Rapid miner 5.3 foi utilizado para desenvolver modelos SVM. Nesta secção, são gerados quatro ficheiros individuais para a corrente, a potência, a velocidade de corte e o centelhador. Em cada ficheiro, a espessura e a rugosidade da superfície são iguais. São desenvolvidos e treinados quatro modelos SVM com os ficheiros individuais. Os modelos SVM são testados com dez amostras (3, 14, 33, 39, 44, 53, 63, 73, 83 e 94) que são utilizadas para testar a ANN

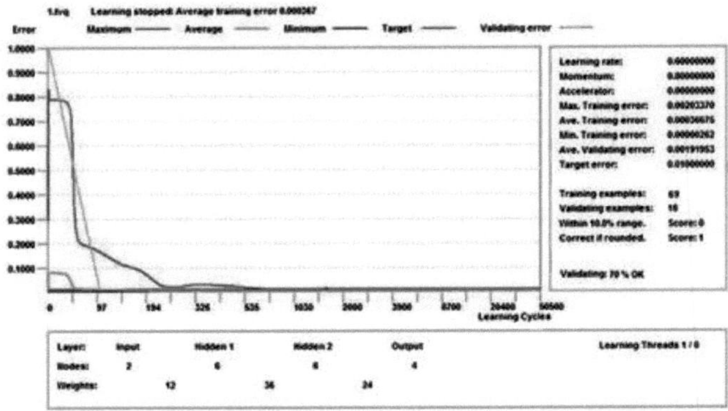

Figura 7. Formação do grafo da rede com erros de objetivo, treino e validação.

Tabela 3. Validação dos valores previstos com os resultados experimentais.

		Current			Power			Cutting speed			Spark gap		
S. No.	Thickness	Exp.	ANN	SVM	Exp.	ANN	SVM	Exp.	ANN	SVM	Exp.	ANN	SVM
3	5	2.50	2.39	2.52	225	215.2	225.0	3.40	3.36	3.37	48.00	48.11	48.00
13	10	3.22	3.18	3.24	290	286.3	289.9	2.32	2.26	2.29	52.84	52.35	52.86
30	20	4.60	4.66	4.60	414	419.6	383.7	1.46	1.43	1.43	57.05	57.34	57.03
35	25	5.20	5.35	5.22	468	481.7	414.0	1.23	1.21	1.20	59.08	60.28	59.10
40	30	5.75	5.81	5.73	517	522.8	459.0	1.05	1.02	1.06	61.08	61.86	61.09
49	40	6.66	6.79	6.68	599	611.0	576.0	0.79	0.69	0.78	64.92	64.98	64.94
59	50	7.35	7.51	7.33	661	675.9	639.0	0.61	0.51	0.62	68.58	68.95	68.58
68	60	7.80	7.95	7.78	702	715.1	692.9	0.48	0.40	0.49	72.06	73.40	72.04
78	70	8.04	8.07	8.03	723	725.9	720.0	0.37	0.37	0.35	75.35	75.83	75.33
89	80	8.08	8.11	8.06	727	729.5	725.9	0.30	0.35	0.32	78.45	76.98	78.43

são utilizados para testar o modelo SVM. Os parâmetros SVM, coeficiente C e £ são selecionados para a corrente, potência, velocidade de corte e centelha como 5000 e 0,02, 5000 e 0,03, 6000 e 0,02, e 5000 e 0,02, respetivamente. Os valores previstos da corrente, potência, velocidade de corte e centelha para 10 amostras são apresentados na Tabela 3.

6. Validação dos resultados

Para a validação dos resultados, os dois modelos (RNA e SVM) foram treinados com 85 amostras de 95 amostras de dados experimentais. Dez amostras que foram consideradas experimentalmente óptimas foram selecionadas para validar os resultados da RNA e da SVM. Os resultados experimentais e os resultados previstos dos modelos ANN e SVM são apresentados na Tabela 3. Observou-se claramente que os valores previstos pelo SVM estavam muito próximos dos valores experimentais. Assim, os modelos ANN e SVM provaram ser bons métodos para prever os parâmetros óptimos do processo.

7. Conclusões

Neste trabalho, foi estudada a influência de parâmetros como a velocidade de corte, o centelhador, a corrente, o acabamento da superfície e a potência na rugosidade da superfície. Foram efectuadas experiências com diferentes espessuras de chapa e foram obtidos resultados experimentais da rugosidade da superfície, do centelhador e da velocidade de corte. Deste trabalho podem ser retiradas as seguintes conclusões:

- A rugosidade da superfície foi considerada mínima a 8,15 A de corrente, 135 W de potência, 3,42 mm/min de velocidade de corte e 42 |_tm. Os resultados são considerados úteis para a definição de parâmetros para um corte de acabamento de qualidade em HSS.
- Os modelos SVM e ANN foram desenvolvidos para prever a corrente de descarga e a potência óptimas para obter o acabamento superficial desejado para qualquer espessura da placa. O erro máximo entre os valores experimentais e os valores optimizados é inferior a 5%.
- Estes resultados são muito úteis para tornar o sistema WEDM mais eficiente nas aplicações industriais modernas, como as unidades de fabrico de ferramentas e moldes, para a definição de parâmetros. Deste modo, o tempo e o custo de maquinagem podem ser reduzidos.

Âmbito do trabalho futuro

Na EDM de fio, o fio vibra na direção de alimentação da mesa e perpendicularmente à direção de alimentação. Isto também afecta o tamanho da fenda de corte e a qualidade da superfície. Sugere-se a medição da vibração do fio com acelerómetros para estudar o efeito da vibração do fio.

Declaração de divulgação

Os autores não referiram qualquer potencial conflito de interesses.

Notas sobre os contribuintes

S. Sivanaga Malleswara Rao, PhD, é bolseiro de pós-doutoramento no Departamento de Engenharia Mecânica da Jawaharlal Technological University Anantapur, Andhra Pradesh, Índia. Obteve o seu doutoramento em Engenharia Mecânica na Shri Venkateshwara University, Índia, e o seu mestrado em Design de Máquinas na Jawaharlal Technological University, Hyderabad, Índia. Tem experiência de ensino em cursos de graduação e pós-graduação em Tecnologia de Produção, Processos de Maquinação Não Convencionais, Máquinas-Ferramentas e CAD/CAM. As suas áreas de investigação de interesse incluem Processos de Maquinação Não Convencionais, CAD/CAM e Métodos de Elementos Finitos. Publicou 10 artigos em revistas SCI, Scopus e 4 actas de conferências.

K. Venkata Rao, PhD, é professor no Departamento de Engenharia Mecânica da Vignan Foundation for Science, Technology and Research University, Andhra Pradesh, Índia. Obteve o seu doutoramento em Engenharia Mecânica na Universidade Tecnológica Jawaharlal de Kakinada, Andhra Pradesh, Índia. Lecciona cursos de graduação e pós-graduação em Tecnologia da Produção, Ciência dos Materiais e Metalurgia, Processos de Maquinação Não Convencionais, Máquinas-Ferramentas, Robótica e CAD/CAM. As suas áreas de investigação de interesse incluem a monitorização do estado das ferramentas com base em vibrações, o processo de maquinagem não convencional, a soldadura por fricção e o método dos elementos finitos. Publicou 18 artigos em revistas SCI, Scopus e actas de conferências.

K. Hemachandra Reddy, PhD, é professor no Departamento de Engenharia Mecânica da Jawaharlal Technological University Anantapur, Andhra Pradesh, Índia. Obteve o seu doutoramento em Engenharia Mecânica na Universidade Tecnológica Jawaharlal, Anantapur, Andhra Pradesh, Índia. Lecciona cursos de graduação e pós-graduação em Motores de Combustão Interna, Energia, CFD, Materiais Compósitos e Transferência de Calor. As suas áreas de investigação de interesse incluem Motores de Combustão Interna, Energia, CFD, Materiais Compósitos e Transferência de Calor. Publicou 117 artigos em revistas SCI, Scopus e 75 actas de conferências.

Ch. V. S. Parameswara Rao, doutorado, é diretor e professor no Narayana Engineering College, Gudur, afiliado à Jawaharlal Technological University Anantapur, Andhra Pradesh, Índia. Obteve o seu doutoramento em Engenharia Mecânica na Universidade de Andhra, Visakhapatnam, Andhra Pradesh, Índia. Lecciona cursos de graduação e pós-graduação em Tecnologia da Produção, Ciência dos Materiais e Metalurgia, Processos de Maquinação Não Convencionais, Máquinas-Ferramentas e CAD/CAM. As suas áreas de investigação de interesse incluem Tecnologia de Produção, Ciência dos Materiais e Metalurgia, Processo de Maquinação Não Convencional, Máquinas-Ferramentas e CAD/CAM. Publicou 29 artigos em revistas SCI, Scopus e 24 actas de conferências.

Referências

[1] Rajyalakshmi G, Venkata RP. Otimização de múltiplos parâmetros de processo de maquinação por descarga eléctrica de fio em Inconel 825 utilizando a análise relacional cinzenta de Taguchi. Int J Adv Manuf Technol. 2013;69:1249-1262.

[2] Rajarshi M, Shankar C, Suman S. Seleção dos parâmetros do processo de maquinagem por descarga eléctrica com fio utilizando algoritmos de otimização não tradicionais. Appl Soft Comput. 2012;12(8):2506-2516.

[3] Jain V. Processos avançados de maquinagem. Nova Deli: Allied Publishers Pvt. Limited; 2005.

[4] Han F, Jiang J, Yu D. Influência da corrente de descarga nas superfícies maquinadas por análise térmica no corte de acabamento da WEDM. Int J Mach Tools Manuf. 2007;47:1187-1196.

[5] Hana F, Zhang J, Soichiro I. Simulação do erro de canto do corte de desbaste em EDM de fio. Precision Eng. 2007;31:331-336.

[6] Herrero A, Sanchez JA, Rodil JL, et al. AnOn the influence of cutting speed limitation on the accuracy of wire-EDM corner-cutting. J Mater Process Technol. 2007;182:574- 579.

[7] Kanlayasiri K, Boonmung S. Efeitos das variáveis de maquinagem por fio-EDM na rugosidade da superfície de um aço para moldes DC 53 recentemente desenvolvido: Projeto de experiências e modelo de regressão. J Mater Process Technol. 2007;192-193:459-464.

[8] Liao YS, Yu YP. Estudo da energia de descarga específica em WEDM e sua aplicação. Int J Mach Tools Manuf. 2004;44:1373-1380.

[9] Yan M-T, Huang P-H. Melhoria da precisão do fio EDM através do controlo da tensão do fio em tempo real. Int J Mach Tools Manuf. 2004;44:807-814.

[10] Levy GN, Maggi F. Comparação da maquinabilidade WEDM de diferentes tipos de aço. Ann CIRP. 1990;39(1): 183-185.

[11] Puri AB, Bhattacharyya B. Uma análise e otimização da imprecisão geométrica devida ao fenómeno do atraso do fio em WEDM. Int J Mach Tools Manuf. 2003;43:151-159.

[12] Parameswara Rao ChVS, Sarcar MMM. Estudos experimentais e desenvolvimento de relações empíricas para a maquinagem de aço H-C H-Cr com CNCWEDM. Manuf Technol Today. 2008;4:27-30.

[13] Parameswara Rao ChVS, Sarcar MMM. Avaliação dos parâmetros óptimos para a maquinagem de latão com EDM de corte a fio. J Sci Ind Res. 2009;68(1):32-35.

[14] Kuriakose S, Shunmugam MS. Caraterísticas da superfície de Ti6Al4V maquinada por descarga electro-fio. J Mater Lett. 2004;58:2231-2237.

[15] Sarcar S, Mitra S, Bhattacharya B. Parametric analysis and optimization of wire electrical discharge machining of titanium aluminide alloy (Análise paramétrica e otimização da maquinagem por descarga eléctrica com fio da liga de alumineto de titânio). J Mater Process Technol. 2005;159:286-294.

[16] Sivanaga Malleswara Rao S, Parameswara Rao CHVS. Otimização e influência dos parâmetros do processo de maquinagem com WEDM. Int J Innov Res Sci Eng Technol. 2014;3(1):8667-8672.

[17] Tzeng CJ, Yang YK, Hsieh MH, et al. Otimização da maquinação por descarga eléctrica de fio de tungsténio puro utilizando a rede neural e a metodologia de superfície de resposta. Proc I Mech Part B: J Eng Manuf. 2010;225:841-852.

[18] Hoang KT, Yang SH. Análise e controlo de Kerf na maquinagem por descarga eléctrica de microfios secos. Int J AdvManuf Technol. 2015;78:1803-1812.

[19] Prasad DVSSSV, Gopala Krishna A. Modelação empírica e otimização da taxa de desgaste do fio e do corte na maquinagem

por descarga eléctrica do fio. Int J Adv Manuf Technol. 2015;77:427-441.

[20] Majumder A. Estudo comparativo de três algoritmos evolutivos acoplados ao modelo de rede neural para otimização dos parâmetros do processo de maquinagem por descarga eléctrica. Proc IMechE Part B: J Eng Manuf. 2015;229(9):1504-1516.

[21] ShangCheng D, XueCheng X, WanSheng Z. Estimativa da altura da peça de trabalho na maquinação por descarga eléctrica de fio utilizando a regressão de vectores de suporte. Proc IMechE Parte B: J Eng Manuf. 2013;227(4):565-577.

[22] Wang X, Kang M, Xiuqing F, et al. Predictive modeling of surface roughness in lenses precision turning using regression and support vetor machines. Int J Adv Manuf Technol. 2013;87(5):1273-1281. doi: http://dx.doi.org/10.1007/s00170-013-5231-3

[23] Montgomery DC. Conceção e análise de experiências. 5a ed. Nova Iorque, NY: Wiley; 2001.

[24] Venkata Rao K, Vidhu KP, Anup Kumar T, et al. An artificial neural network approach to investigate surface roughness and vibration of the work piece in the boring of AISI1040 steels. Int J Adv Manuf Technol. 2015;83(5):919-927. doi: http://dx.doi.org/10.1007/s00170-015-7621-1.

[25] Kishan M, Chilukuri KM, Sanjay R. (1997). Elementos de redes neurais artificiais. Cambridge: The MIT Press; 1997.

[26] Gaitonde VN, Karnik SR. Minimização do tamanho da rebarba na perfuração utilizando a abordagem de otimização de redes neurais artificiais (ANN) - otimização de enxame de partículas (PSO). J Intell Manuf. 2012;23(5):1783-1793.

[27] Vapnik V. Statistical learning theory (Teoria da aprendizagem estatística). New York: Wiley Interscience; 1998.

[28] Zhang L, Jia Z, Wang F, et al. Um modelo híbrido que utiliza uma máquina de vectores de apoio e um algoritmo genético multi-objetivo para a otimização de parâmetros de processamento em micro-EDM. Int J Adv Manuf Technol. 2010;51:575-586.

INVESTIGAÇÕES EXPERIMENTAIS SOBRE A VIBRAÇÃO DO FIO , A ABERTURA DE FAÍSCA, O MRR E A RUGOSIDADE DA SUPERFÍCIE EM WEDM PARA O AÇO HC-HCR

Sivanaga MalleswaraRao Singu
Bolseiro de Pós-Doutoramento, Departamento de Engenharia Mecânica, JNTUA, Ananthapuramu
, Andhra Pradesh, Índia.
Dr. K. Hemachandra Reddy
Professor, Departamento de Engenharia Mecânica, JNTUA, Ananthapuramu
, Andhra Pradesh, Índia.
Dr. K. Venkatarao
Professor, Departamento de Engenharia Mecânica, Vignan's University, Vadlamudi, Guntur, Andhra Pradesh, Índia.
Dr. Ch.V.S. ParameswaraRao
Professor, Departamento de Engenharia Mecânica, Faculdade de Engenharia de Narayana, Dhurjati Nagar, Gudur, Andhra Pradesh, Índia.

RESUMO

As caraterísticas de desempenho como o tamanho da fenda, a taxa de remoção de metal, a rugosidade da superfície e o centelhador são os critérios mais importantes na maquinagem por descarga eléctrica com fio (WEDM). O elétrodo de fio que é mantido entre as duas guias de fio é instável e vibra quando a faísca é gerada. Isto provoca um mau acabamento da superfície, uma forma irregular da fenda de corte e um elevado intervalo de faísca. No presente estudo, foi investigado o efeito da vibração do fio no centelhador, na rugosidade da superfície e na taxa de remoção de metal na WEDM de aços com elevado teor de carbono e crómio (HC-HCr). As experiências foram efectuadas em chapas de aço HC-HCr de diferentes espessuras. Foi utilizado um acelerómetro para medir a vibração do fio na direção perpendicular à alimentação do fio. Verificou-se que a influência da vibração do fio é significativa na abertura de faísca e na rugosidade da superfície para todas as espessuras de chapa. A amplitude da vibração do fio foi considerada menor com correntes mais baixas para todas as espessuras da placa. Foram desenvolvidos modelos preditivos utilizando a rede neural artificial para prever a rugosidade da superfície, o centelhador, a amplitude da vibração do fio e a taxa de remoção de metal.

Palavra-chave: Vibração do fio, Tamanho da rosca, Baixa maquinabilidade, EDM de fio, Medição da vibração.

1. INTRODUÇÃO

A maquinagem de materiais duros, como as superligas e os aços para ferramentas, tornou-se muito difícil e dispendiosa na maquinagem convencional. Recentemente, a WEDM tornou-se um método popular na indústria para maquinar este tipo de metais duros. A WEDM é capaz de produzir formas complicadas [1]. O aço com elevado teor de carbono e crómio (HC-HCr) é uma liga de aço para ferramentas trabalhada a frio com uma elevada percentagem de carbono e crómio. É um aço do tipo D2 com elevada resistência ao desgaste e é utilizado para fabricar matrizes para moldagem e corte. Devido à elevada dureza, a sua maquinabilidade é muito fraca e, convencionalmente, difícil de maquinar. Durante a Segunda Guerra Mundial, foram introduzidos e desenvolvidos processos de maquinagem não convencionais para maquinar este tipo de materiais. O processo de maquinagem por descargas eléctricas com fio (WEDM) é um dos processos utilizados para maquinar materiais tão duros. Trata-se de um processo térmico violento e sem contacto que produz uma série de faíscas eléctricas para remover material indesejado da peça de trabalho por fusão e evaporação. Devido à sua capacidade de corte de precisão, é frequentemente utilizado no fabrico de moldes metálicos, ferramentas, matrizes, etc. [2].

Foram efectuados estudos experimentais para avaliar o efeito dos parâmetros do processo, como a corrente, o impulso ligado, o impulso desligado e a tensão do servo, no desempenho da WEDM. O desempenho do processo WEDM foi avaliado e desenvolvido por investigadores utilizando diferentes técnicas. Alguns investigadores introduziram diferentes técnicas de otimização como Taguchi, análise de variância (ANOVA), metodologia de superfície de resposta (RSM), análise de relações cinzentas (GRA), algoritmo genético (GA), recozimento simulado (SA), otimização por enxame de partículas (PSO) e etc. para estudar o efeito dos parâmetros do processo nas respostas e otimizar os parâmetros do processo [3-5]. Alguns investigadores desenvolveram modelos preditivos/matemáticos utilizando a rede neural artificial (RNA), máquinas de vectores de apoio (SVM), etc., para prever caraterísticas de desempenho como o desgaste da ferramenta, a rugosidade da superfície, o tamanho do corte, a taxa de remoção de metal (MRR) [6].

A geometria do corte é uma caraterística crítica que define o desempenho do processo [7]. Foram efectuados estudos para medir o efeito dos parâmetros do processo na largura do corte para diferentes materiais. Gupta et al. estudaram a geometria da fenda de corte e o efeito da corrente de pico, da tensão de faísca, do tempo de impulso e do tempo de desativação do impulso na largura da fenda de corte em WEDM de uma liga dura como o aço de baixa liga de alta resistência. Foi desenvolvido um modelo matemático para a largura da fenda de corte utilizando o RSM para correlacionar os parâmetros do processo com a largura da fenda de corte. Os quatro parâmetros do processo foram considerados significativos para a largura da fenda de corte [8]. Mehmet et al. tentaram investigar o efeito do tratamento térmico e dos parâmetros do processo no tamanho da fenda de corte em WEDM de Ti6Al4V usando GA. A tensão de referência do servo, a corrente do impulso de ignição, o tempo entre dois impulsos, a velocidade do fio e a tensão do fio são considerados parâmetros do processo com três níveis e foram realizadas experiências em seis amostras de Ti6Al4V tratadas termicamente. Entre as seis amostras, uma amostra com baixa condutividade e dureza apresentou os melhores valores de kerf [9].

A espessura da placa é um dos parâmetros críticos que influenciam a definição dos parâmetros do processo para obter o MRR e a largura da fenda de corte necessários. Hoang e Yang [10] analisaram a geometria da fenda de corte e o efeito dos parâmetros do processo no tamanho da fenda de corte e no MRR na micro-WEDM seca da liga de titânio. A capacitância, a taxa de alimentação, a pressão de injeção de ar e a tensão de abertura foram consideradas como parâmetros do processo e as experiências foram conduzidas utilizando o desenho de experiências Taguchi L27. Verificou-se que a pressão de injeção de ar, a taxa de alimentação do fio e a capacitância são parâmetros significativos para o tamanho do corte. A espessura da chapa também é considerada um fator significativo no tamanho do corte. Isto deve-se ao facto de a maquinagem de placas espessas necessitar de uma quantidade elevada de corrente que faz vibrar o fio e, por conseguinte, o tamanho do corte aumenta. Prasad e Gopalakrishna [11] desenvolveram modelos matemáticos para o tamanho do corte e avaliaram a taxa de desgaste do fio na WEDM do metal AISI-D3. Uma técnica de otimização global é combinada com o algoritmo de pesquisa harmónica para procurar parâmetros de processo óptimos para obter um tamanho mínimo de corte e uma taxa de desgaste do fio. Durante a descarga eléctrica entre o fio e a peça de trabalho, o fio é deformado e o seu tamanho é afetado, o que também afecta o tamanho da fenda de corte. A deformação do fio ou a alteração do diâmetro do fio depende dos parâmetros do processo e do material da peça de trabalho. O tamanho do corte na parte superior da peça de trabalho é sempre maior do que na parte inferior porque o tamanho do fio muda continuamente [12].

A deslocação ou vibração do fio é o fenómeno mais comum considerado no WEDM. A tensão do fio é um parâmetro significativo que causa a vibração do fio durante a maquinagem de metais duros. A instabilidade do fio provoca a deslocação do fio, a forma irregular da fenda de corte, a rugosidade da superfície e a quebra do fio [13]. Habiba e Okadab estudaram a deslocação do fio utilizando uma câmara de alta velocidade na maquinagem do material SKD11. Concluíram que a amplitude da vibração do trabalho e a sua frequência dependem principalmente da tensão do fio [13]. Kamei et al. também utilizaram uma câmara de alta velocidade para investigar a deslocação do fio elétrodo em WEDM fina. Sugeriram que a amplitude da vibração do fio pode ser reduzida ajustando a posição da peça de trabalho [14]. Nishikawa e Kunieda [15] também mencionaram que o tamanho da fenda de corte é afetado pela vibração do fio. O comportamento do fio durante a maquinagem é complexo devido à expansão da bolha, às forças electromagnéticas e electrostáticas e é difícil medir a vibração do fio durante a maquinagem. Os autores utilizaram um sensor ótico para a medição em linha da vibração do fio.

Com base na literatura acima referida, observa-se que a vibração do fio tem um efeito significativo nas caraterísticas de desempenho, no tamanho do corte, na rugosidade da superfície, no centelhador, etc. No presente estudo, investiga-se o efeito da amplitude da vibração do fio no tamanho do corte, na rugosidade da superfície e no centelhador na WEDM do aço HC-HCr D2. As experiências foram efectuadas em placas de diferentes espessuras. A vibração do fio é medida com um acelerómetro na direção perpendicular ao avanço do trabalho. Foram desenvolvidos modelos de previsão para as caraterísticas de desempenho utilizando a rede neural artificial para as prever para determinados conjuntos de parâmetros de processo.

2. CONFIGURAÇÃO EXPERIMENTAL

O aço HC-HCrD2 é um aço de alto carbono e elevado teor de crómio trabalhado a frio, amplamente utilizado no fabrico de lâminas para corte de metais, punções, rolos para laminagem a frio, punções e matrizes para moldagem, etc. A adição de 0,91% de vanádio a este aço melhora a resistência ao desgaste e a tenacidade. O HC- HCr tem baixa maquinabilidade e só é possível maquinar no estado recozido. É por isso que este material foi selecionado no presente trabalho para estudar as suas caraterísticas de maquinagem. O aço HC-HCr D2 tem 1,54% de Carbono, 0,32% de Silício, 0,34% de Manganês, 12,0% de Crómio, 0,76% de Molibdénio, 0,91% de Vanádio e o restante é Ferroso. O fio de latão é utilizado neste trabalho como elétrodo. O fio de latão, constituído por 66% de cobre e 34% de zinco, é habitualmente utilizado em WEDM devido à sua elevada resistência à tração, condutividade eléctrica razoável, boa capacidade de descarga e baixo custo. Os fios de latão com um diâmetro de 0,1 a 0,3 mm são normalmente utilizados na WEDM. No presente trabalho, é utilizado um fio de latão com um diâmetro de 0,25 mm. A configuração experimental foi preparada como se mostra na Figura 1. Foi colocado um acelerómetro na parte inferior da unidade de alimentação do fio para medir a vibração do fio durante o processo de maquinagem. Foram preparados dezanove espécimes de aço HC-HCr com a dimensão de 20x40 mm e espessuras de 5, 7,5, 10, 12,5, 15, 17,5,20,25, 30, 35, 40, 45, 50, 55, 60, 65, 70, 75 e 80 mm.

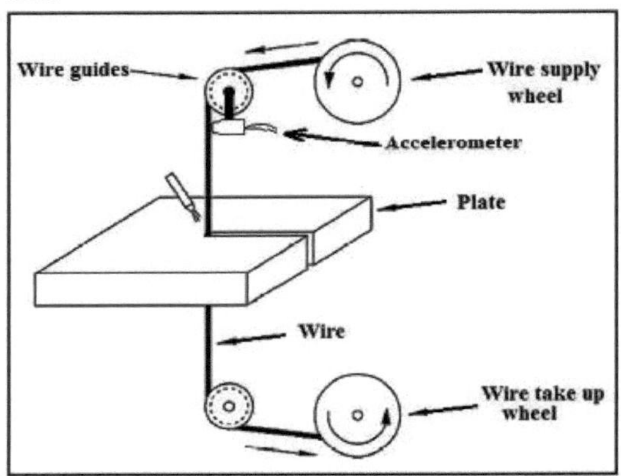

Figura 1 Instalação experimental

Os seguintes parâmetros de processo são utilizados no processo:

Fluido dielétrico	: Água desionizada
Material do fio	: 66-34 Latão
Tensão de abertura	: 90 volts
Velocidade do fio	: 2,5 m/min
Diâmetro do fio	: 0,25 mm
Tensão do fio	: 16 N
Condutividade dieléctrica	: 48 S/m
Pressão de lavagem	: 1,5KN/mm2

Como se pode ver na Figura 1, as experiências foram realizadas numa máquina WEDM modelo ELCUT 334 (Electronica Made). Foi utilizado um acelerómetro do tipo PCB modelo 356A22 para medir a amplitude de vibração do fio. Como se pode ver na Figura 1, o acelerómetro foi fixado na guia superior do fio e ajustado de modo a tocar no fio. A distância entre as guias do fio foi considerada como 205 mm para uma placa de 5 mm de espessura. A distância entre as guias de fio foi ajustada mantendo o comprimento do fio 100 mm acima e 100 mm abaixo da peça de trabalho. Em dezanove placas, o corte foi efectuado na forma de "[" variando a corrente de acordo com a espessura das placas. Para cada placa, o corte foi efectuado com cinco níveis de corrente. A corrente para as diferentes espessuras das placas foi selecionada a partir da gama atualmente recomendada pelo fabricante da máquina.

Durante a maquinagem, a vibração do fio foi medida com um acelerómetro sob a forma de sinais de emissão acústica que foram convertidos no domínio da frequência utilizando uma transformada rápida de Fourier. Após cada maquinação, a rugosidade da superfície maquinada foi medida utilizando o Talysurf. A largura da fenda de corte foi medida num projetor de perfil e a abertura de faísca foi calculada da seguinte forma:

(1) Diferença entre as faíscas (SG) = (largura da rosca - diâmetro do fio)/2

Os resultados experimentais das caraterísticas de maquinagem, tais como a abertura de faísca (SG), a amplitude de vibração do fio (Vib. Amp.), a MRR e a rugosidade da superfície (Ra) são apresentados no Quadro 1.

Tabela 1 Resultados experimentais das caraterísticas de maquinagem.

S.N.	Espessura (mm)	Corrente (A)	Vib. Amp. (pm)	S G (pm)	MRR (mm^3 /min)	Ra (pm)
1	5	2.0	2.8	26	2.87	1.52
2	5	2.15	2.9	27	3.04	1.74
3	5	2.3	2.6	27.5	3.05	2.05
4	5	2.35	2.25	28	3.45	2.24
5	5	2.4	2.2	28	3.36	2.65
6	7.5	2.4	1.8	27	4.10	1.73
7	7.5	2.45	1.9	28	4.36	2.04
8	7.5	2.52	1.94	28	4.47	2.12
9	7.5	2.6	1.9	28	4.36	2.29
10	7.5	2.65	1.85	27	4.22	2.47
11	10	2.65	2.6	27	4.86	1.84
12	10	2.70	2.65	28	5.05	1.99
13	10	2.72	2.71	29	5.28	2.08
14	10	2.74	3.74	30	5.40	2.21
15	10	2.78	3.72	30	5.33	2.35
16	12.5	2.8	3.42	29	5.47	1.74
17	12.5	2.85	4.48	30	5.73	1.95
18	12.5	2.90	4.56	31	6.08	2.17
19	12.5	2.95	4.59	31	6.03	2.36
20	12.5	3.00	4.54	31	6.00	2.51
21	15	3.0	4.35	30	6.27	1.87
22	15	3.10	4.40	31	6.59	2.04
23	15	3.15	4.46	32	6.9	2.35
24	15	3.20	4.45	32	6.82	2.49
25	15	3.22	4.4	32	6.59	2.79
26	17.5	3.25	5.25	32	6.87	1.54
27	17.5	3.30	5.3	33	7.19	1.76
28	17.5	3.36	5.35	34	7.52	2.48
29	17.5	3.40	5.34	34	7.46	2.71
30	17.5	3.43	5.32	34	7.34	3.02
31	20	3.43	5.1	32	6.91	1.64
32	20	3.48	5.2	33	7.58	1.85
33	20	3.52	5.24	34	7.88	2.25
34	20	3.55	7.26	35	8.08	2.52
35	20	3.60	7.24	35	7.93	3.02
36	25	3.60	7.9	34	7.155	1.57
37	25	3.70	7.95	35	7.6	1.98
38	25	3.80	9.0	37	8.1	2.46
39	25	3.92	9.1	38	8.97	2.64
40	25	4.00	9.05	38	8.55	3.08
41	30	4.00	9.86	37	8.36	1.93
42	30	4.10	9.94	39	9.25	2.46
43	30	4.27	10.97	40	9.65	2.74
44	30	4.35	10.98	40	9.70	3.10
45	30	4.40	10.96	40	9.50	3.47
46	35	4.40	10.8	41	9.29	1.78
7	35	4.50	11.82	42	9.58	2.04
48	35	4.55	13.84	43	9.88	2.31
49	35	4.6	14.86	43	10.15	2.75

50	35	4.65	14.84	43	9.88	3.04
51	40	4.70	14.65	44	8.79	1.91
52	40	4.80	14.72	45	9.79	2.42
53	40	4.90	15.76	46	10.41	2.80
54	40	4.95	16.74	46	10.12	3.19
55	40	5.00	16.73	46	9.98	3.71
56	45	5.10	16.63	45	9.64	2.27
57	45	5.15	17.66	47	10.22	2.51
58	45	5.18	18.67	48	10.48	2.95
59	45	5.20	18.67	48	10.43	3.23
60	45	5.25	18.65	47	10.06	3.49
61	50	5.30	18.56	48	9.69	2.48
62	50	5.35	20.57	49	9.92	2.61
63	50	5.40	20.58	50	10.15	2.89
64	50	5.44	20.59	52	10.48	3.14
65	50	5.50	20.59	51	10.38	3.53
66	55	5.55	21.48	52	9.34	2.42
67	55	5.60	21.51	53	9.98	2.63
68	55	5.67	24.52	54	10.25	2.94
69	55	5.70	25.53	55	10.49	3.21
70	55	5.75	25.51	54	10.04	3.72
71	60	5.75	25.44	55	9.50	2.51
72	60	5.80	25.45	56	9.77	2.84
73	60	5.88	25.46	5	10.04	3.39
74	60	5.92	26.46	56	9.99	3.58
75	60	5.95	26.45	56	9.77	4.10
76	65	5.90	27.35	56	8.23	2.42
77	65	5.95	27.37	57	8.75	2.78
78	65	6.0	28.39	59	9.32	3.24
79	65	6.07	30.4	59	9.59	3.51
80	65	6.10	30.39	59	9.32	3.96
81	70	6.10	30.33	60	8.55	3.16
82	70	6.20	30.34	61	8.85	3.44
83	70	6.23	30.35	62	9.17	3.72
84	70	6.25	32.35	62	9.16	4.21
85	70	6.30	32.34	62	8.90	4.75
86	75	6.30	32.27	62	7.57	3.44
87	75	6.35	33.28	63	7.89	3.87
88	75	6.38	34.29	64	8.26	4.04
89	75	6.40	34.29	64	8.22	4.55
90	75	6.43	34.28	64	7.94	4.98
91	80	6.40	35.22	65	6.69	3.42
92	80	6.45	35.23	66	7.02	3.99
93	80	6.50	35.24	67	7.39	4.25
94	80	6.55	35.24	67	7.37	4.78
95	80	7.0	35.23	67	7.06	5.01

RESULTADOS E DISCUSSÃO

No processo WEDM, a deslocação do fio é um dos parâmetros importantes que afectam o centelhador, o MRR e a rugosidade da superfície. No processo WEDM, o fio vibra nas direcções X e Y devido à tensão do fio e à corrente aplicada. O deslocamento do fio na direção X é um pouco maior do que o deslocamento do fio na direção Y. Como se pode ver nas Figuras 2 (a & b), o fio vibra nas direcções X e Y. Habiba e Okadab também encontraram um efeito semelhante na WEDM do material SKD11. Verificou-se que a amplitude de vibração do fio na direção X é superior à amplitude do fio na direção Y [13]. Na direção X, não existe um efeito significativo da deslocação do fio no centelhador, na rugosidade da superfície e no MRR, porque vibra na direção da alimentação. No entanto, a deslocação do fio na direção Y tem um efeito significativo no centelhador, na rugosidade da superfície e no MRR.

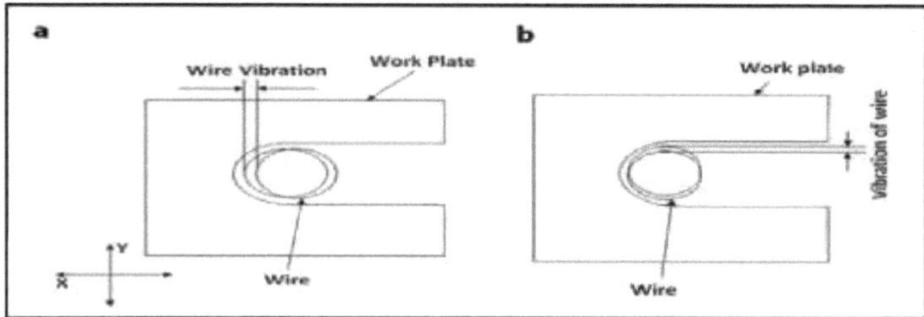

Figura 2 (a) Vibração do fio na direção X e (b) Vibração do fio na direção Y

No presente estudo, foi feita uma tentativa de investigar o efeito da vibração do fio nas caraterísticas de maquinagem. O acelerómetro foi utilizado para medir a amplitude da vibração do fio na direção Y sob a forma de sinais de emissão acústica. Estes sinais de emissão ótica acústica foram processados utilizando uma Transformada Rápida de Fourier no domínio da frequência e é fácil ler a amplitude máxima da vibração do fio. O domínio da frequência mostra a amplitude da vibração do fio a diferentes frequências. Como se mostra na Figura 3 (a), a amplitude máxima da vibração do fio foi de 1,1 цт a uma frequência de 1690 Hz quando o fio foi utilizado sem maquinagem. A Figura 3 (b) mostra que a amplitude máxima de vibração do fio (2,9 цт a uma frequência de 1610Hzs) durante a maquinação a T=5mm e I=2Amps. A linha vertical de cor vermelha nas duas figuras mostra a amplitude máxima da vibração do fio. Como se mostra na Tabela 1, a amplitude do deslocamento do fio aumenta à medida que a espessura da placa e a corrente aumentam. Durante a maquinagem WEDM, o fio é vibrado pela força de abertura devido à descarga de corrente entre o fio e a peça de trabalho. Na maquinagem de chapas espessas, a amplitude de vibração do fio é maior devido ao aumento da corrente [16].

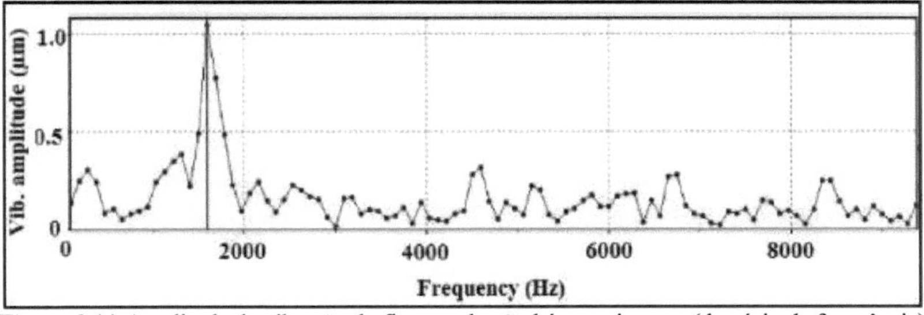

Figura 3 (a) Amplitude da vibração do fio quando não há maquinagem (domínio da frequência)

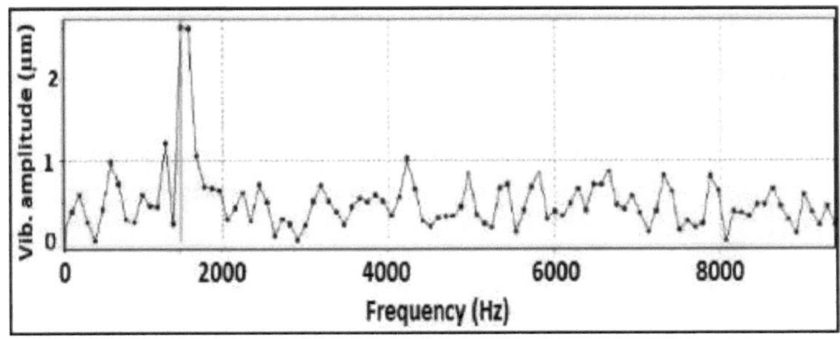

Figura 3 (b) Amplitude da vibração do fio durante a maquinagem a T=5mm e I=2Amps (domínio da frequência)

O efeito da interação da corrente e da espessura na amplitude da vibração do fio durante o processo de maquinagem é mostrado na Figura 4 (a). Observou-se que o deslocamento do fio durante a maquinagem aumentou quando a corrente e a espessura foram aumentadas. A quantidade de corrente tem de ser aumentada à medida que a espessura da placa aumenta. No EDM, a corrente é descarregada entre a placa de trabalho e o fio sob a forma de impulsos. Com valores elevados de corrente, a quantidade de corrente descarregada também é elevada e provoca a vibração do fio nas direcções X e Y. Como se mostra na Figura 4 (a), a amplitude da vibração do fio aumenta com o aumento da espessura e da corrente. Mas a amplitude do fio foi grandemente afetada pela corrente. A vibração do fio foi considerada muito alta (35,23цт) a 7Amps de corrente para a espessura de 80mm da placa. A maquinação de placas espessas necessita de uma grande quantidade de corrente, que vibra o fio e, portanto, o tamanho do corte aumenta [10].

No presente estudo, o centelhador aumentou quando a corrente foi aumentada para as placas de maior espessura, mas a corrente tem mais efeito sobre o centelhador. Encontrou-se um elevado fulgor de 67 microns a 7Amps de corrente para a espessura de 80mm da placa. O efeito da corrente no centelhador para diferentes espessuras durante a maquinagem foi mostrado na Figura 4(b). A maquinagem de placas espessas necessita de mais energia para fundir os materiais, pelo que é necessário aumentar a corrente. Tal como descrito na secção anterior, uma corrente mais elevada provoca a vibração do fio, o que faz com que a faísca salte e crie um corte mais largo ao fundir mais material, aumentando assim o centelhador.

O efeito da corrente na MRR para diferentes espessuras foi mostrado na Figura 4(c). Os valores de MRR foram calculados para todas as experiências. medida que a espessura da placa aumentava, a corrente também aumentava para fornecer mais energia e, por conseguinte, mais material era fundido e evaporado. Também se observou que os valores MRR aumentavam com o aumento da corrente na espessura da placa até 60 mm e depois diminuíam. Como mencionado anteriormente, a corrente deve ser aumentada para placas espessas. No entanto, o diâmetro do fio é um parâmetro que afecta a capacidade de transporte de corrente. Para as placas com espessura superior a 60 mm, o fio é incapaz de descarregar uma grande quantidade de correntes, razão pela qual a MMR diminuiu. Durante o processo, o calor intenso da descarga eléctrica gerada entre a chapa e o fio elétrodo controla o MRR, a qualidade da superfície e a geometria do corte [17]. Os aços HC-HCr tinham boa condutividade térmica e, por conseguinte, a dissipação de calor da zona de corte é propícia à maquinabilidade.

A Figura 4(d) descreve o efeito de interação da espessura da peça de trabalho e da corrente na rugosidade das superfícies maquinadas. O gráfico da superfície representa a qualidade da rugosidade da superfície com a alteração da espessura da peça de trabalho e da corrente. Como se mostra na Figura 4 (d), a rugosidade da superfície aumenta com o aumento da espessura e da corrente. Mas a corrente tem uma maior influência na rugosidade da superfície. Quando se utilizaram correntes mais elevadas na maquinagem de placas espessas, foram geradas faíscas maiores e irregulares devido à vibração do fio e, por conseguinte, verificou-se uma maior rugosidade nas superfícies maquinadas.

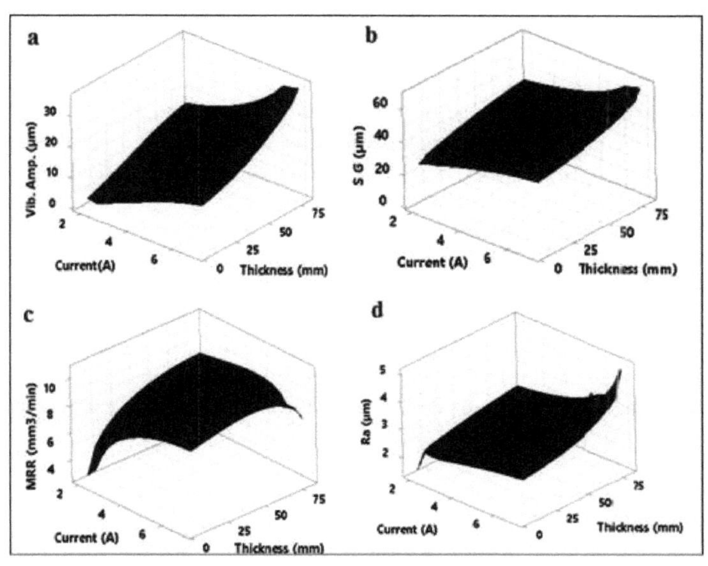
a
Vib. Amp. (μm)
Current(A)
Thickness (mm)
b
S G (μm)
Current (A)
Thickness (mm)
c
MRR (mm3/min)
Current (A)
Thickness (mm)
d
Ra (μm)
Current (A)
Thickness (mm)

Figura 4 (a) Efeito da corrente e da espessura na amplitude da vibração, (b) Efeito da corrente e da espessura no centelhador, (c) Efeito da corrente e da espessura na MRR (d) Efeito da corrente e da espessura na rugosidade da superfície

A rede neural artificial é uma técnica eficaz utilizada para estabelecer uma relação entre o desempenho/caraterísticas de maquinagem e os parâmetros de entrada do processo. Esta técnica desenvolve modelos preditivos ou matemáticos para as caraterísticas de maquinagem, a fim de as prever para diferentes parâmetros de entrada do processo. Maity e Mishra [18] afirmaram que a RNA é uma ferramenta poderosa para prever respostas para um determinado conjunto de parâmetros do processo. Utilizaram a RNA para prever a MRR, o efeito de sobrecorte e a espessura da camada refundida na microerosão de Inconel 718. Angelos et al. [19] também utilizaram a RNA para prever a rugosidade da superfície no EDM de diferentes aços difíceis de maquinar e obtiveram resultados satisfatórios. Esta técnica é também utilizada na otimização multi-resposta de parâmetros de processo para um melhor desempenho do processo [20]. No presente estudo, a RNA é utilizada para prever a rugosidade da superfície, o centelhador, a amplitude de vibração do fio e o MRR. Os modelos ANN foram desenvolvidos utilizando a seguinte equação [21]:

$$y = f\left(\sum_i w_i x_i\right) = f(w.x) \quad (2)$$

A magnitude da saída é calculada utilizando a equação acima, em que o x é utilizado para representar as entradas e o w é utilizado para representar as eficiências dos pesos ou sinapses. O efeito do neurónio de entrada é inibitório quando o peso entre dois neurónios é negativo e o efeito do neurónio de entrada é excitatório quando o peso é positivo. Um único neurónio é considerado uma unidade de processamento simples; a capacidade de processamento da rede pode ser melhorada através da adição de um grande número de neurónios.

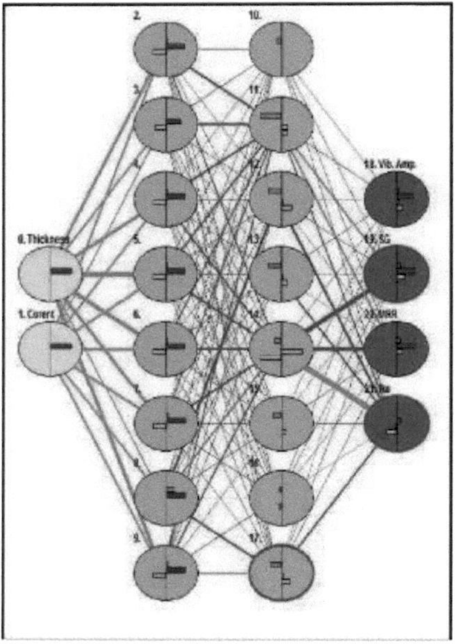

Figura 5 Arquitetura da rede neuronal (2-8-8-4)

Como se mostra na Figura 5, foi construída uma rede neural (2-8-8-4) com uma camada de entrada, duas camadas ocultas e uma camada de saída. A camada de entrada é constituída por dois neurónios, tais como a espessura da placa e a corrente, as duas camadas ocultas são constituídas por 8 neurónios e a camada de saída é constituída pela amplitude da vibração do fio, o centelhador, o MRR e a rugosidade da superfície. O número de camadas ocultas e de neurónios em cada camada oculta foi selecionado com base no erro de treino [22, 23]. Como se mostra na Figura 6, a rede proposta apresenta um erro de formação médio de 0,00003479, que é inferior ao erro pretendido (0,01).

Os resultados experimentais foram divididos em duas partes: 78 amostras foram utilizadas para treinar a rede proposta e 17 amostras foram selecionadas aleatoriamente para testar a rede. Entre as 78 amostras, 17 amostras foram utilizadas para validar o treino. O treino da rede foi efectuado através da adoção de pesos para as ligações entre os neurónios em cada camada. A rede proposta foi treinada através do algoritmo de retropropagação feed forward utilizando o software Easy NN plus. No treino, o erro-alvo foi fixado em 0,01 e treinado com uma taxa de aprendizagem de 0,6 e um momento de 0,8. A rede foi treinada até que o erro de treino fosse inferior ao erro-alvo de 0,01. Como mostra a Figura 6, o erro de treino médio foi de 0,00003479 após 27000 ciclos de aprendizagem. O erro máximo de treino também foi inferior ao erro pretendido. Durante a formação, foi adotado um peso de 16 para a ligação entre a camada de entrada e a camada oculta 1, um peso de 64 para a ligação entre a camada oculta 1 e a camada oculta 2 e um peso de 32 para a ligação entre a camada oculta 2 e a camada de saída. O treino foi interrompido após 27000 ciclos e o modelo treinado é utilizado para prever a amplitude da vibração do fio, a centelha, o MRR e a rugosidade da superfície. Os valores experimentais e previstos das caraterísticas de desempenho são apresentados na Tabela 2. Verificou-se que os valores previstos estão muito mais próximos dos valores experimentais.

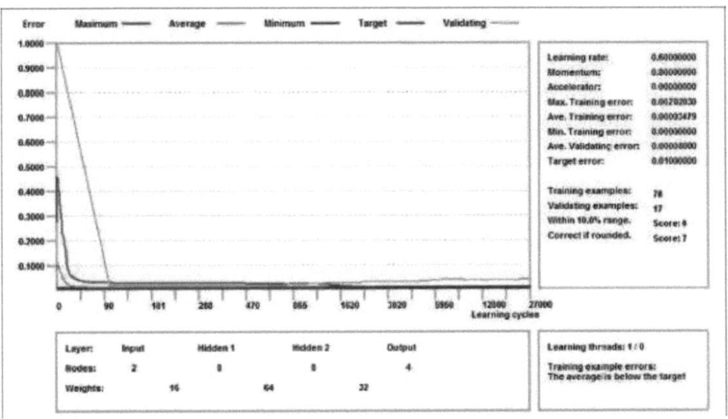

Figura 6 Gráfico do progresso da aprendizagem com o erro de formação máximo, médio e mínimo.

Tabela 2 Caraterísticas de maquinagem experimentais e previstas.

S. Não	Espessura (mm)	Atual (A)	Vib. Amp. (gm)		S G (gm)		MRR (mm^3 /min)		Ra (gm)	
			Exp.	ANN	Exp	ANN	Exp.	ANN	Exp.	ANN

1	5	2.3	2.2	2.32	27	26	3.05	3.43	2.05	2.14
2	7.5	2.52	1.94	1.87	28	27	4.47	5.21	2.12	2.19
3	10	2.74	3.74	3.86	30	29	5.40	5.91	2.21	2.14
4	12.5	2.95	4.59	4.84	31	30	6.03	6.15	2.36	2.35
5	15	3.15	4.46	4.09	32	32	6.9	7.06	2.35	2.47
6	17.5	3.36	5.35	5.91	34	33	7.52	7.94	2.48	2.52
7	20	3.55	7.26	7.18	35	34	8.08	7.01	2.52	2.58
8	25	3.92	9.10	9.92	38	37	8.97	8.67	2.64	2.61
9	30	4.27	10.97	10.85	40	38	9.65	9.43	2.74	2.90
10	40	4.9	15.76	16.06	46	44	10.41	9.92	2.80	2.63
11	45	5.18	18.67	18.74	48	49	10.48	11.12	2.95	2.91
12	50	5.44	20.59	21.05	52	50	10.48	11.57	3.14	3.46
13	55	5.67	25.53	26.18	55	54	10.49	10.97	3.21	3.53
14	60	5.88	25.46	26.04	56	58	10.04	10.51	3.39	3.42
15	65	6.07	30.4	30.92	59	61	9.59	9.58	3.51	3.58
16	75	6.38	34.29	34.93	64	65	8.26	8.86	4.04	4.19
17	80	6.5	35.24	36.88	67	66	7.39	8.05	4.23	4.20

5. CONCLUSÃO

O presente trabalho investiga o efeito da vibração do fio no tamanho do corte, na rugosidade da superfície e na MRR WEDM do aço HC-HCr D2. É utilizado um acelerómetro para medir a amplitude da vibração do fio durante a maquinagem. As seguintes conclusões podem ser retiradas da presente investigação:

- Durante a WEDM, o elétrodo de arame vibra em duas direcções, como a direção de alimentação da mesa e a direção perpendicular à alimentação. Na direção de alimentação da mesa, não há efeito significativo da vibração do fio no centelhador, na rugosidade da superfície e no MRR, porque o fio está a vibrar na ranhura. Mas a deslocação do fio na direção perpendicular à alimentação da mesa tem um efeito significativo no centelhador, na rugosidade da superfície e no MRR.
- Existe um efeito significativo da vibração do fio na abertura de faísca e na rugosidade da superfície para todas as espessuras de placa.
- Para as placas com mais de 60 mm de espessura, o mesmo diâmetro do fio não é capaz de descarregar uma quantidade elevada de correntes, pelo que se verifica uma diminuição da MMR.
- A maquinagem de chapas grossas necessita de mais energia para fundir os materiais, pelo que é necessário aumentar a corrente. Uma corrente mais elevada provoca a vibração do fio, pelo que a faísca salta e cria um corte mais largo ao derreter mais material, aumentando assim o intervalo de faísca.
- Quando foram utilizadas correntes mais elevadas na maquinagem de chapas espessas, foram geradas faíscas maiores e irregulares devido à vibração do fio e, por conseguinte, verificou-se uma maior rugosidade nas superfícies maquinadas.
- Foram desenvolvidos modelos preditivos para as respostas utilizando RNA. Os valores previstos são muito próximos dos valores experimentais. O modelo ANN pode ser utilizado para selecionar o nível adequado dos parâmetros do processo para reduzir o deslocamento e a quebra do fio.

REFERÊNCIAS

[1] Amitava Mandal; Amit Rai Dixit; Alok Kumar Das; Niladri Mandal. Modelagem e Otimização da Usinagem da Superliga Nimonic C-263 usando Estratégia Multicut em WEDM, Materiais e Processos de Fabricação, 2016, 31 (7), 860-868.

[2] Wuyi Ming; Junjian Hou; Zhen Zhang; Hao Huang; Zhong Xu; Guojun Zhang; Yu Huang. ANN-LWPA integrado para otimização de parâmetros de corte em WEDM, Int J Adv Manuf Technol, 2016, 84, 1277-1294.

[3] Abhijit Saha; Subhas Chandra Mondal. Otimização multiobjetivo no processo WEDM de materiais nanoestruturados de revestimento duro através de técnicas híbridas, Medição, 2016, 94, 46-59.

[4] Ushasta, A.; Simul, B. Modelagem de respostas EDM por regressão de máquina de vetor de suporte com parâmetros selecionados por otimização de enxame de partículas, Appl. Math. Model, 2014, 38, 2800-2818.

[5] Wuyi Ming; Zhen Zhang; Guojun Zhang; Yu Huang; Jianwen Guo; Yuan Chen. Otimização Multiobjetivo da Topografia de Superfície 3D da Usinagem YG15 em WEDM, Materiais e Processos de Fabricação, 2014, 29 (5), 514-525.

[6] Ramakrishnan, R.; Karunamoorthy, L. Modelação e otimização de respostas múltiplas do Inconel 718 na maquinagem do processo WEDM CNC, J. Mater. Process. Technol, 2008, 207, 343-349.

[7] Tosun, N.; Cogun, C.; Tosun, G. A study on kerf and material removal rate in wire electrical discharge machining based on Taguchi method, J Mater Process Technol, 2004, 152, 316-322.

[8] Gupta, P.K.R.; Gupta, R.D.S.N. Efeito dos parâmetros do processo na largura do corte em EDM para HSLA usando a metodologia de superfície de resposta, J Eng Technol, 2012, 2(1), 1-6.

[9] Mehmet Altug; Mehmet Erdem; Cetin Ozay. Investigação experimental do kerf de Ti6Al4V exposto a diferentes processos de tratamento térmico em WEDM e otimização de parâmetros usando um algoritmo genético, Int J Adv Manuf Technol, 2015, 78, 1573-1583.

[10] Hoang, K.T.; Yang, S.H. Análise e controlo de Kerf na maquinação por descarga eléctrica de microfios secos, Int J Adv Manuf Technol, 2015, 78, 1803-1812.

[11] Prasad, D.V.S.S.S.V.; Gopala Krishna, A. Modelação empírica e otimização da taxa de desgaste do fio e do corte na maquinagem por descarga eléctrica do fio, Int J Adv Manuf Technol, 2015, 77, 427-441.

[12] Pramanik, A.; Basak, A.K.; Islam, M.N. Effect of reinforced particle size on wire EDM of MMCs, Int.J. Mach. Mach. Mater, 2015, 17 (2), 139-149.

[13] Sameh Habiba; Akira Okadab. Estudo sobre o movimento do elétrodo de fio durante o processo de maquinação por descarga eléctrica de fio fino, Journal of Materials Processing Technology, 2016, 227, 147-152.

[14] Takuya Kamei; Akira Okada; Yasuhiro Okamoto. Observação a alta velocidade do movimento de fios finos em EDM de fio fino, Procedia CIRP, 2016, 42, 596-600.

[15] Nishikawa, M.; Kunieda, M. Prediction of wire-EDMed surface shape by in-process measurement of wire electrode behavior, J. Precis. Eng., 2009, 75 (9), 1078-1082.

[16] Guojun Zhang; He Li, Zhen Zhang; Wuyi Ming; Ning Wang; Yu Huang. Modelação e análise da vibração do fio durante o processo WEDM, Machining Science and Technology, 2016, 20(2), 173-186.

[17] Pramanik, A.; Littlefair, G. Wire EDM Mechanism of MMCs with the Variation of Reinforced Particle Size, Materials and Manufacturing Processes, 2016, 31 (13), 17001708.

[18] Kalipada Maity; Himanshu Mishra. Modelagem ANN e abordagem de aprendizagem de ensino elitista para otimização multiobjetivo de μ-EDM, J Intell Manuf, 2016, DOI 10.1007 / 10845-016-1193-2.

[19] Angelos P. Markopoulos; Dimitrios E. Manolakos; Nikolaos M. Vaxevanidis. Modelos de redes neurais artificiais para a previsão da rugosidade da superfície na maquinagem por descarga eléctrica, J

Intell Manuf, 2008, 19, 283-292.
[20] Wuyi Ming; Junjian Hou; Zhen Zhang; Hao Huang; Zhong Xu; Guojun Zhang; Yu Huang, ANN-LWPA integrado para otimização de parâmetros de corte em WEDM, Int J Adv Manuf Technol, 2016, 84, 1277-1294.
[21] Kishan Mehrotra; Chilukuri K Mohan; Sanjay Ranka; Elements of Artificial neural networks, The MIT Press, Inglaterra, 1997.
[22] Venkata Rao, K.; Murthy, P.B.G.S.N. Modelação e otimização da vibração da ferramenta e da rugosidade da superfície na perfuração de aço utilizando RSM, ANN e SVM, Journal of Intelligent Manufacturing, 2016, DOI 10.1007/s10845-016-1197-y.
[23] S. Sivanaga MalleswaraRao, Venkata Rao, K. Hemachandra Reddy. K, Ch. V S ParameswaraRao. Previsão e otimização dos parâmetros de processo na maquinagem por descarga eléctrica de corte de fio para aço rápido (HSS), International Journal of Computers and Applications, 2017, Informa UK Limited, negociando como Taylor & Francis Group, ISSN: 1206-212X (Print) 1925-7074 (Online).
[24] Ramanan.G, Neela Rajan.R.R., Diju Samuel.G, Edwin Raja Dhas.J Rajesh Prabha.N e Pradeep.P, Otimização de Caraterísticas de Resposta Múltipla de Parâmetros WEDM para compósitos AA7075 por Análise Relativa Cinza de Superfície de Resposta, Jornal Internacional de Engenharia Mecânica e Tecnologia, 8 (6), 2017, pp. 667-677
[25] Sachin Kulkarni, Nilesh Sharanappanavar, Sameer Raichur, Arjun Dhavaleshwar e Vinayak Kulkarni, Modelação e Análise de AlSiC HMMC usando o Processo WEDM. Jornal Internacional de Engenharia Mecânica e Tecnologia, 7(5), 2016, pp. 106116.

Desenvolvimento de Aplicação Móvel em Android, iOS e Windows para Avaliação de Parâmetros Óptimos de Maquinação em WEDM

Sivanaga Malleswara Rao Singu[1] e K. Hemachandra Reddy[2]

[1]Bolseiro de Pós-Doutoramento,[2] Professor

[1,2] Departamento de Engenharia Mecânica, Universidade Tecnológica Jawaharlal Nehru de Anantapur, Ananthapuramu, Andhra Pradesh, Índia.

[1]Orcid Id: 0000-0002-1661-0132,[2] Orcid Id: 0000-0002-2545-9702

Resumo

A electroerosão a fio é um processo de maquinagem altamente complexo, que se caracteriza por um comportamento não linear. Devido às suas capacidades únicas de maquinação de formas complexas e materiais duros com elevada precisão e acabamento superficial fino, a WEDM é utilizada em várias indústrias transformadoras. Tem havido uma investigação contínua para desenvolver capacidades automatizadas para WEDM, compreendendo o mecanismo de interação de vários parâmetros de entrada para obter as medidas de saída necessárias, como MRR, acabamento de superfície, etc. Para obter as medidas de saída desejadas, a WEDM depende principalmente da experiência do operador e de métodos de tentativa e erro. Para ultrapassar este problema, está ainda por desenvolver um método normalizado de previsão das medidas/parâmetros de saída com base nos parâmetros de entrada na WEDM, o que constitui um requisito fundamental para o desenvolvimento de uma aplicação móvel Android para a WEDM. Em termos do mercado de sistemas operativos (SO) para smartphones, o Android, a Apple, o Windows, o Blackberry e outros têm uma quota de 86,2%, 12,9%, 0,6%, 0,1% e 0,2%, respetivamente. Por isso, escolhemos o Android, o IOS e o Windows como SO para o desenvolvimento da aplicação móvel, uma vez que têm um grande mercado. Nesta aplicação, para obter os parâmetros óptimos, selecionando o material e a espessura da peça a maquinar para os parâmetros desejados, como a corrente de descarga, a velocidade de corte, a abertura de faísca, a taxa de remoção de material, a potência e a rugosidade da superfície. Esta aplicação foi testada e validada com os dados experimentais e dados adicionais em diferentes salas de ferramentas. Observa-se que a aplicação resulta com a precisão desejada. Esta aplicação pode ser utilizada diretamente em qualquer smartphone e tablet Android. É uma aplicação muito fácil de utilizar que permite poupar tempo, planeamento de processos e também custos.

Palavras-chave: WEDM, OS, Android, iOS, MRR.

INTRODUÇÃO

A maquinagem por electro-erosão a fio (WEDM) é um dos processos de maquinagem não tradicionais mais importantes, utilizado para maquinar materiais difíceis de maquinar, como HSS, titânio, nimónica, zircónio, etc. A maquinagem por descargas eléctricas de fio (WEDM) é amplamente utilizada na indústria aeroespacial, nuclear, de mísseis, turbinas, automóveis, ferramentas e matrizes. Isto deve-se ao facto de o processo WEDM fornecer uma solução eficaz para a maquinagem de materiais duros com formas complexas, que são difíceis de maquinar através de métodos de maquinagem convencionais. [4, 5, 10].

No processo WEDM, o custo de maquinação é bastante elevado devido ao elevado investimento inicial na máquina e ao custo do fio-elétrodo-ferramenta. O processo WEDM é mais económico se for utilizado para cortar materiais difíceis de maquinar com contornos complexos, precisos e exatos em baixo volume e maior variedade. O WEDM proporciona uma elevada precisão, repetibilidade e um melhor acabamento superficial, mas a contrapartida é uma taxa de maquinação muito lenta. Devido à taxa de maquinação lenta do WEDM, as tarefas de maquinação demoram muitas horas, dependendo da complexidade do trabalho. Por este motivo, é necessário que os utilizadores da WEDM estimem/prevejam o tempo de maquinagem (por outras palavras, a velocidade de maquinagem) juntamente com o acabamento superficial necessário, selecionando valores de parâmetros de entrada adequados com um sistema pré-programado, que pode ser designado por Sistema Pericial para WEDM. A seleção dos parâmetros de corte adequados desempenha um papel importante na obtenção de uma maior velocidade de corte ou de um bom acabamento superficial. A seleção incorrecta dos parâmetros pode ter consequências graves, como o curto-circuito do fio e a quebra do fio, o que, por sua vez, reduz a produtividade. Vários investigadores levaram a cabo várias investigações para melhorar o acabamento superficial e a velocidade de corte do processo WEDM. Embora estejam disponíveis máquinas CNC-WEDM modernas, o problema da seleção dos parâmetros de corte no processo WEDM não está totalmente resolvido, uma vez que, até à data, não existe um método padrão estabelecido para prever a taxa de maquinagem com base nos parâmetros de entrada devido ao complexo mecanismo de maquinagem da WEDM. Além disso, os valores dos parâmetros de entrada recomendados pelos fabricantes não produzem condições de maquinagem óptimas. Por conseguinte, existe uma grande dependência dos operadores/pessoas qualificadas que têm contacto direto com o sistema. Assim, a incapacidade de prever uma taxa de maquinagem automatizada eficiente tem sido um dos principais obstáculos ao desenvolvimento de sistemas de controlo de processos automatizados e de sistemas especializados para WEDM. [13].

Investigadores anteriores, incluindo eu, analisaram os parâmetros de processo necessários, tais como a corrente de maquinagem, a velocidade de corte, a abertura de faísca ou sobre o corte, o acabamento da superfície e os valores MRR foram explorados para desenvolver correlações matemáticas, para materiais de qualquer espessura entre 5 mm e 80 mm. Estas definições paramétricas e resultados foram examinados e avaliados para uma gama de materiais.

Tendo em conta que as correlações matemáticas acima referidas eram difíceis de memorizar e de calcular os valores óptimos para qualquer material que, normalmente, tinha fórmulas longas. Uma aplicação móvel seria a mais adequada para obter os valores ideais dos parâmetros de maquinagem em vários sistemas operativos, como o Android, o IOS (Apple) e o Windows. O principal objetivo da aplicação móvel seria gerar cálculos rápidos. Este sistema pericial pode ser utilizado tanto em sistemas convencionais como não convencionais. Estas aplicações podem ser utilizadas diretamente em qualquer smartphone ou tablet. Trata-se de uma aplicação muito fácil de utilizar, que permite poupar tempo, planear processos e também custos. Os parâmetros de maquinagem podem ser definidos na máquina sem método de tentativa e erro para obter o rendimento necessário, o que, por sua vez, aumenta a precisão, reduz o tempo e o custo da maquinagem. A velocidade de corte é registada no ecrã da máquina, o acabamento da superfície é medido no corte '[' utilizando o Talysurf. A largura de corte é medida no corte em 'L' com um somógrafo e verificada com um microscópio. A distância da faísca (desvio do fio) é calculada a partir da largura de corte e a MRR é calculada a partir da largura de corte. Os valores óptimos de corrente de maquinagem, velocidade de corte, centelha e MRR para cada espessura são utilizados para traçar as curvas e a curva de melhor ajuste é selecionada utilizando o software Origin 8.0 Pro. A relação matemática foi gerada para esta curva de melhor ajuste e é efectuada uma análise estatística para determinar a adequação da curva.

A experimentação acima foi efectuada em materiais MMC HSS, HC-HCr, Titânio, Inconel X-750, Cobre, Latão, Grafite, Carboneto de Tungsténio, Alumínio e Al-MoS2.

Largura de corte, W=d+2 Sg, em que d é o diâmetro do fio e Sg é o centelhador.

MRR=T x W x Cs Onde Cs é a velocidade de corte.

PORMENORES DA EXPERIMENTAÇÃO

Fig. 1a. Mostra o diagrama esquemático da maquinagem por descarga eléctrica com fio. A Fig. 1b é a fotografia que representa a vista pictórica da máquina de descarga eléctrica com fio e a Fig. 1c mostra as faíscas que ocorrem durante a maquinagem.

Os parâmetros definidos antes da maquinagem são:

Máquina	ELCUT 334
Dielétrico	Água desionizada
Condutividade dieléctrica	38 mhos
Tensão do fio	70 N
Velocidade do fio	3,4 m/min
Diâmetro do fio	0,25 mm
Material do fio	66-34 Latão
Tensão de abertura	95(Latão), 90(HSS), 85(Grafite), 80(Titânio, Inconel X-750, Cobre, Carboneto de Tungsténio, Alumínio, Al-MoS2 MMC), 75(HC-HCr) Volts

Os espécimes de 20 mm x 40 mm nas espessuras 5, 7,5, 10, 12,5, 15, 17,5,20,25, 30, 35, 40, 45, 50, 55, 60, 65, 70, 75 e 80 mm. As experiências foram realizadas na peça de trabalho de todas as espessuras, cortando em forma de "L" e em forma de "[", variando a corrente de maquinagem de um valor mais baixo para um valor em que a maquinagem é consistente em 5 passos. Em cada corrente de maquinagem, o valor I dos critérios de maquinagem é medido.

A corrente de maquinagem, valor I no qual a maquinagem é consistente com o corte contínuo, melhor acabamento e menor rutura do fio é selecionada como óptima. A velocidade de corte é registada no ecrã da máquina e o acabamento da superfície é medido no corte '[' utilizando o Talysurf. A largura de corte é medida no corte em "L" com um somógrafo e verificada com um microscópio. A distância da faísca (desvio do fio) é calculada a partir da largura de corte e a MRR é calculada a partir da largura de corte. Os valores óptimos de corrente de maquinagem, velocidade de corte, centelha e MRR para cada espessura são utilizados para traçar as curvas e a curva de melhor ajuste é selecionada utilizando o software Origin 8.0 Pro. A relação matemática foi gerada para esta curva de melhor ajuste e é efectuada uma análise estatística para determinar a adequação da curva.

A experimentação acima foi efectuada em materiais MMC HSS, HC-HCr, Titânio, Inconel X-750, Cobre, Latão, Grafite, Carboneto de Tungsténio, Alumínio e Al-MoS2.

Largura de corte, W=d+2 Sg, em que d é o diâmetro do fio e Sg é o centelhador.

MRR=T x W x Cs Onde Cs é a velocidade de corte.

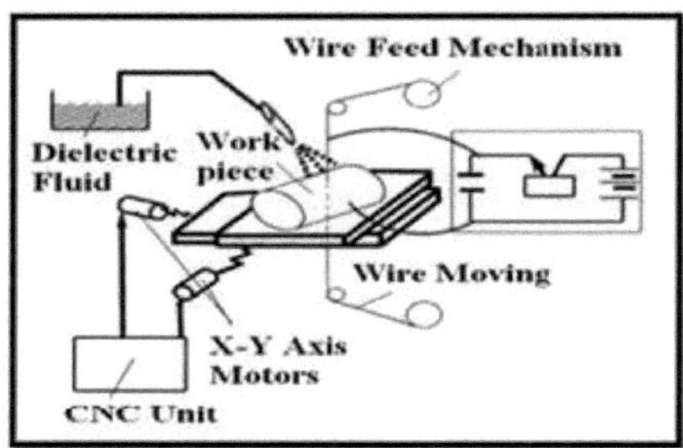

Figura 1a: Esquema da instalação experimental

Figura 1b: Vista pictórica da máquina de descarga eléctrica de fio

Figura 1c: Fotografia da faísca durante a maquinagem

Análise paramétrica baseada em dados experimentais

O Origin 8.0 Pro fornece ferramentas para ajuste de curvas lineares, polinomiais e não lineares, juntamente com testes de validação e de adequação. É possível resumir e apresentar os resultados com relatórios ou tabelas de ajuste personalizados. As operações de ajuste de curvas também podem fazer parte de uma análise. Permitindo executar operações de ajuste em lote em qualquer número de ficheiros de dados ou colunas de dados. O ajuste sigmoidal é um tipo de análise que é frequentemente utilizado para analisar relações de dose-resposta, a competição de um ligando pela ligação ao recetor. Podemos efetuar um ajuste da curva de dose-resposta selecionando Fitting (Ajuste): A regressão linear simples é um método estatístico que nos permite resumir e estudar relações entre duas variáveis contínuas (quantitativas): Uma variável, designada por x, é considerada como a variável preditora, explicativa ou independente. A outra variável, designada por y, é considerada a resposta, o resultado ou a variável dependente. Como os outros termos são utilizados com menos frequência atualmente, utilizaremos os termos "preditor" e "resposta" para nos referirmos às variáveis encontradas neste curso. Os outros termos são mencionados apenas para que tenha conhecimento deles caso os encontre noutras áreas. A regressão linear simples recebe o adjetivo "simples", porque diz respeito ao estudo de apenas uma variável preditora. Em contraste, a regressão linear múltipla, que estudamos mais tarde neste curso, recebe o adjetivo "múltipla", porque diz respeito ao estudo de duas ou mais variáveis preditoras. O coeficiente de determinação r2 e o coeficiente de correlação r quantificam a força de uma relação linear. É possível que r2 = 0% e r = 0, o que sugere que não existe uma relação linear entre x e y, mas que existe uma relação curvilínea perfeita (ou "curvilínea"). Um valor r2 elevado não deve ser interpretado como significando que a reta de regressão estimada se ajusta bem aos dados. Outra função pode descrever melhor a tendência dos dados. O coeficiente de determinação r2 e o coeficiente de correlação r podem ser muito afectados por apenas um ponto de dados (ou alguns pontos de dados).Fit Sigmoidal no menu principal. Isto abre o Ajustador de Curvas Não Lineares para a categoria Crescimento/Sigmoidal. Em seguida, podemos selecionar a seguinte função (Eq: 1) nesta categoria para efetuar o melhor ajuste.

$$y = A_2 + \frac{A_1 - A_2}{1 + e^{\frac{x - x_0}{d_x}}} \qquad \text{(Eq: 1)}$$

A Tabela 1.0 ilustra os valores das constantes da equação paramétrica para todos os materiais e parâmetros, incluindo os seus valores estatísticos.

Tabela 1: Valores das constantes para todos os materiais

Material	Parâmetro	A1	A2	Xoxo	dx	RMSE	R^2
HSS	I	-2.30275	8.40168	8.95484	18.66664	0.04237	0.99962
	Cs	10456.329	0.39818	-121.31769	15.37933	0.01041	0.98881
	Sg	-1098.77483	112.57393	-342.8435	119.654	0.01642	0.99699
	MRR	2.99423	11.23772	7.5739	4.69665	0.01205	0.95803
	P	-207.24735	756.15126	8.95484	18.66664	0.01813	0.99962
	Ra	1.43415	2.51336	0.00931	20.5254	0.01485	0.9925
HC-HCr	I	-5.19716	7.44402	-8.20928	34.89803	0.00529	0.99999
	Cs	2312.27161	0.18065	-190.03052	27.49036	0.04842	0.99447
	Sg	-23.23916	112.08196	36.37889	61.72579	0.02715	0.99964
	MRR	0.7998	9.65647	10.23356	5.71599	0.08559	0.97661
	P	-345.19353	554.92341	-5.32687	33.81125	0.06916	0.99997
	Ra	1.0419	661.34753	468.96036	72.60049	0.07962	0.98706
Titânio	I	-21.48587	2.68673	-319.6074	109.2219	0.01405	0.99539
	Cs	4.31452	2.83773	39.33753	19.91255	0.02788	0.99562
	Sg	26.3146	61.93124	13.23782	33.45962	0.03409	0.99662
	MRR	-2704.27438	183.56124	-316.48697	117.7659	0.05935	0.99959
	P	-1718.86936	214.93838	-319.6074	109.2219	0.11240	0.99539
	Ra	-975.25978	0.68113	-161.04286	19.47064	0.01664	0.94254
Inconel X-750	I	-5102.29952	5.0203	-223.81707	30.29636	0.01519	0.97177
	Cs	25.88615	0.41922	-21.59079	14.34962	0.07404	0.99629
	Sg	-115644.80731	78.01641	-48.62021	6.62653	0.020303	0.96579
	MRR	4.8799	13.02707	7.57691	1.89794	0.073006	0.97022
	P	-408183.96143	401.62415	-223.81707	30.29636	0.012153	0.97177
	Ra	3.8551	1.26302	14.07248	10.5056	0.07222	0.98997
Cobre	I	4.00687	8.52675	64.76446	20.50736	0.03971	0.99853
	Cs	11935.53706	0.58394	-89.7172	10.92178	0.09883	0.97936
	Sg	91.52769	30446.59637	336.06964	37.5576	0.01425	0.9789
	MRR	-1875.42348	23.04561	-271.65383	58.53744	0.02862	0.99574
	P	288.77465	677.80874	53.56094	24.03008	0.05371	0.99659
	Ra	2.25815	2.02752	16.40965	1.04996	0.02238	0.95895
Latão	I	1.57405	8.84769	52.27978	34.18277	0.0695	0.9972
	Cs	21704.12465	1.03147	-102.18205	13.20304	0.02472	0.98764
	Sg	-40863.81003	79.07851	-117.34781	17.73446	0.14018	0.99061
	MRR	-21.06289	26.65285	-2.90921	8.64783	0.026086	0.7583
	P	69.37475	734.91228	32.47123	33.54709	0.153578	0.9847
	Ra	3.34859	2.12246	23.07471	10.51202	0.04846	0.98768
Grafite	I	-7452.70008	3.92677	-193.0506	25.28103	0.017949	0.96952
	Cs	6001.5674	0.25004	-79.08977	9.94361	0.04743	0.98731
	Sg	-141452.1689	123.37932	-100.92568	14.36478	0.018465	0.99637
	MRR	-7.48772	8.90625	-19.05837	41.6981	0.00953	0.99997
	P	-634112.56549	333.78144	-193.13133	25.28755	0.05269	0.96945
	Ra	2.19364	0.89183	75.03545	23.41655	0.04688	0.96162
Carboneto de tungsténio	I	-301.0548	11.6944	-364.91859	106.67627	0.O11725	0.99542
	Cs	7910.52003	0.20526	-81.10173	9.69766	0.06151	0.97342
	Sg	-8786.65331	91.06823	-341.62406	63.46498	0.010322	0.98855
	MRR	-3127.04169	5.05219	-186.27911	27.1488	0.017155	0.96807
	P	-24084.38422	935.55172	-364.91859	106.67627	0.0938	0.99542
	Ra	720.5512	1.25157	-128.8833	15.46047	0.011181	0.93408
Alumínio	I	-287.83136	1.54617	-359.53582	64.22677	0.03175	0.98381
	Cs	445.96159	0.21629	-396.90872	79.26225	0.07092	0.98694
	Sg	-8105.44176	45.71537	-85.94049	14.85046	0.071463	0.98671
	MRR	-7.33212	35.05325	17.1335	14.21831	0.051843	0.99801
	P	-22537.72631	123.71078	-358.17923	64.23433	0.02533	0.9839
	Ra	720.5512	1.25157	-128.8833	15.46047	0.01181	0.93408
Al-MoS2 MMC	I	-449.32208	12.56303	-395.49787	95.85084	0.01191	0.99241
	Cs	5329.18684	1.25603	-121.81937	17.54991	0.017999	0.98255
	Sg	304941.20648	4.99413	-43.66972	5.58618	0.029191	0.96254
	MRR	7.61815	22.87292	22.17531	11.75745	0.022061	0.84011
	P	-35945.76668	1005.04257	-395.49787	95.85084	0.095282	0.99241
	Ra	2.61534	6.10731	20.51324	16.21468	0.010389	0.98855

Valores mais baixos de RMSE indicam um melhor ajuste. O RMSE é uma boa medida da exatidão com que o modelo prevê a resposta e é o critério de ajuste mais importante se o objetivo principal do modelo for uma previsão.

O R-quadrado (R2) tem a propriedade útil de variar entre zero e um, com zero a indicar que o modelo proposto não melhora a previsão em relação ao modelo médio e um a indicar uma previsão perfeita. Se o valor do R-quadrado for próximo de um, indica que o modelo se ajusta corretamente.

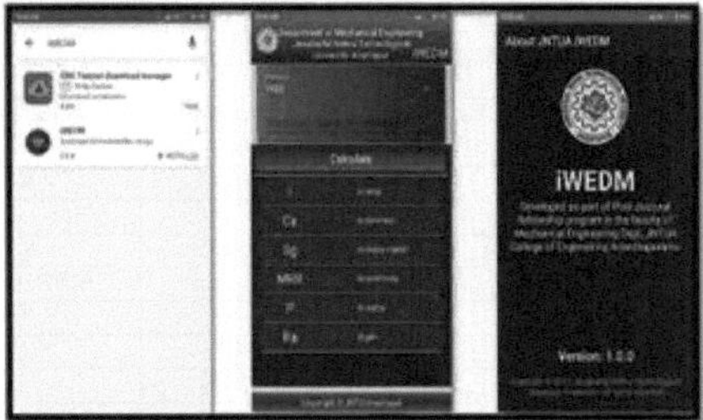

Figure 2.0 **Figure 3.0** **Figure 4.0**

Selecione o tipo de material a fabricar, introduza a espessura do material selecionado no intervalo de 5 a 80 mm e, ao clicar no botão Calcular, os parâmetros serão preenchidos como se mostra na Fig. 5.0.

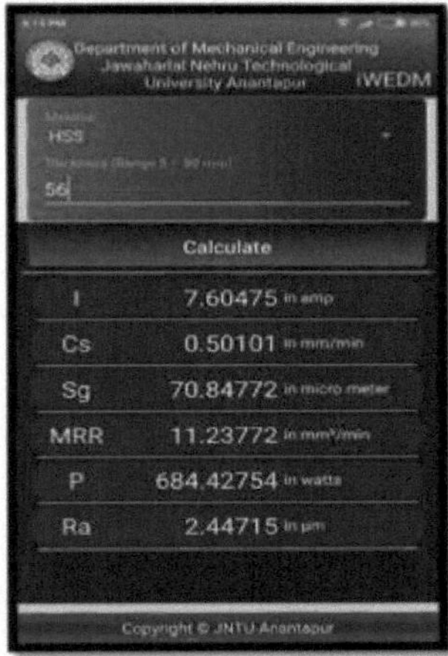

Figure 5.0

Validação

A tabela 2.0 seguinte ilustra que a validade dos parâmetros desenvolvidos é verificada através da realização de experiências em peças de trabalho com 25 mm e 65 mm de espessura. Os resultados experimentais e os resultados obtidos a partir da aplicação móvel mostram uma pequena variação de apenas 2%. Este facto prova a autenticidade das correlações utilizadas na aplicação móvel.

Tabela 2: Valores das constantes para todos os materiais

HSS	**T, mm**	**I, amp**	**Cs**, mm/min	**Sg, gm**	**MRR, mm^3 /min**	**P em W**
Exp	25	5.2	1.23	59.08	11.32	468
Aplicação Mob		5.21786	1.19995	59.05292	11.23772	469.60705
Exp	65	7.95	0.42	73.72	10.85	715.50
Aplicação Mob		7.89518	0.45545	73.77246	11.23772	710.5661
HC-HCr	**T, mm**	**I, amp**	**Cs**, mm/min	**Sg, gm**	**MRR, mm^3 /min**	**P em W**
Exp	25	3.92	1.1	38.22	8.97	294
Aplicação Mob		3.92268	1.10698	38.20253	9.03458	294.17891
Exp	65	6.07	0.4	59.57	9.59	455.25
Aplicação Mob		6.06221	0.39691	59.83274	9.65586	454.95866
Titânio	**T, mm**	**I, amp**	**Cs, mm/min**	**Sg, gm**	**MRR, mm 3/min^**	**Potência, P W**
Exp	25	1.7	3.859	47	33.162	136
Aplicação Mob		1.69831	3.83104	47.22119	32.90897	135.86441
Exp	65	1.98	3.17	55.37	75.538	158.4

Aplicação Mob		1.99271	3.15681	55.67983	74.65852	159.41660
Inconel X-750	**T, mm**	**I, amp**	**Cs, mm/min**	**Sg, gm**	**MRR, mm 3/min^**	**Potência, P W**
Exp	25	3.6	1.4	74	13.93	288
Aplicação Mob		3.63573	1.37273	76.28486	13.02707	290.85886
Exp	65	4.6	0.47	79.2	12.47	368
Aplicação Mob		4.65047	0.48007	78.01227	13.02707	372.03755
Grafite	**T, mm**	**I, amp**	**Cs, mm/min**	**Sg, gm**	**MRR, mm 3/min^**	**Potência P, W**
Experimental	25	2.7	0.47	101.72	4.67	229.5
Aplicação Mob		2.58819	0.42066	101.31081	4.67728	219.99842
Experimental	65	3.66	0.22	122.46	6.99	311.1
Aplicação Mob		3.65163	0.25310	122.01629	6.97921	310.38393
Alumínio	**T, mm**	**I, amp**	**Cs, mm/min**	**Sg, gm**	**MRR, mmA3/min**	**Potência P, W**
Experimental	25	0.84	2.3	42	19.2	67.2
Aplicação Mob		0.82142	2.38024	41.07480	34.82346	65.70611
Experimental	65	1.15	1.52	44.5	33.49	92
Aplicação Mob		1.15693	1.52522	45.40130	35.05325	92.55528
Cobre	**T, mm**	**I, amp**	**Cs, mm/min**	**Sg, gm**	**MRR, mmA3/min**	**Potência P, W**
Experimental	25	4.55	1.08	100	10.69	391
Aplicação Mob		4.57526	0.91142	99.20294	11.16670	379.62129
Experimental	65	6.4	0.56	117	18.43	531.25
Aplicação Mob		6.27979	0.59235	113.78230	17.02888	528.73484
Latão	**T, mm**	**I, amp**	**Cs, mm/min**	**Sg, gm**	**MRR, mmA3/min**	**Potência P, W**
Experimental	25	3.9	2.5	66	23.87	370.95
Aplicação Mob		3.83209	2.45388	65.70889	24.83245	365.24066
Experimental	65	6	0.94	77	24.56	570
Aplicação Mob		5.87984	1.10023	77.67668	26.63431	551.92190
Carboneto de tungsténio	**T, mm**	**I, amp**	**Cs, mm/min**	**Sg, gm**	**MRR, mmA3/min**	**Potência P, W**
Experimental	25	3.74	0.44	60	4.07	299.2
Aplicação Mob		3.81134	0.34541	63.64612	3.74644	304.90700
Experimental	65	6.16	0.18	82	4.84	492.8
Aplicação Mob		6.23323	0.20753	76.44625	4.75288	498.65831
Al-MoS2 MMC	**T, mm**	**I, amp**	**Cs, mm/min**	**Sg, gm**	**MRR, mA3/min**	**Potência P, W**
Experimental	25	6.98	2.45	10.105	16.02	558.4
Aplicação Mob		6.88870	2.49548	6.39216	16.60458	551.09631
Experimental	65	8.81	1.516	3.52	24.65	704.8
Aplicação Mob		8.80897	1.38293	4.99522	22.87292	704.71791

VANTAGENS E CONCLUSÕES

Esta aplicação permite poupar tempo, planeamento de processos e custos.

Utilizando esta aplicação, podemos encontrar os parâmetros de maquinagem e os mesmos podem ser definidos na máquina sem método de tentativa e erro para o rendimento necessário.

Solicitámos o pedido de patente com o número 201741018671 e o estado do pedido é "Application Awaiting for Examination".

A aplicação foi testada na perspetiva do utilizador e do fabricante. Obtivemos um bom feedback e recomendações dos mesmos.

REFERÊNCIAS

[1] Fuzhu Han, Jun Jiang, Dingwen Yu - "Influência da corrente de descarga nas superfícies maquinadas por termoanálise no corte de acabamento de WEDM" -International Journal of Machine Tools & Manufacture 47 (2007) pp 11871196.

[2] Fuzhu Hana, Jie Zhang, Isago Soichiro - "Corner error simulation of rough cutting in wire EDM" - Precision Engineering 31 (2007) pp 331-336.

[3] Herrero A, Sanchez J.A., Rodil J.L., Lopez de Lacalle L.N., Lamikiz A.: "On the influence of cutting speed limitation on the accuracy of wire-EDM cornercutting" - Journal of Materials Processing Technology 182 (2007) pp 574-579.

[4] M.I. Gokler, A.M. Ozanozgu, Investigação experimental dos efeitos dos parâmetros de corte na rugosidade da superfície no processo WEDM, Int. J. Mach. Tools Manuf. 40 (2000) 1831-1848.

[5] M.S. Shunmugam, S. Sai Kumar, I.K. Kaul, Fuzzy logic modeling of wire-cut EDM process, Proc. SPIE 4192 (2000) 417-425.

[6] Mu-Tian Yan, Pin-Hsum Huang - "Accuracy improvement of wire-EDM by real-time wire tension control"- International Journal of Machine Tools & Manufacture 44 (2004) pp 807-814.

[7] S.Sivanaga MalleswaraRao, K. Venkata Rao, K. Hemachandra Reddy, Ch.V.S.ParameswaraRao - "Previsão e otimização dos parâmetros do processo de maquinagem por descarga eléctrica com fio para aço de alta velocidade (HSS)" - International Journal of Computers and Applications, Print ISSN: 1206-212X Online ISSN: 1925-7074.

[8] Perla Sreenivasa Rao, Ch.V.S.Parameswararao, K.Ravindra "Experimental Investigations on Wire Selection and Parametric Control for Machining with WEDM" International Journal of Emerging Technologies and Applications in Engineering, Technology, and Sciences (IJ-ETA-ETS), ISSN: 09743588, JAN '14 -JUNE '14, Volume 7: Issue 1 pp 7882.

[9] NBV Prasad, Ch.V.S.ParameswaraRao, S.Sivanaga MalleswaraRao: "Experimental Studies on parametric control for Machining Graphite with CNC WEDM" International Journal of Engineering Trends and Applications (IJETA) - Volume 2 Issue 6, Nov-Dec 2015 pp 29-37.

[10] S V Subrahmanyam, M. M. M. Sarcar: "Wedm Process Modeling with Data Mining Techniques" International Journal of Advanced Research in Engineering and Technology (IJARET), ISSN 0976 - 6499, Volume 4, Edição 7, novembro - dezembro de 2013, pp. 161-169.

[11] Sivanaga MalleswaraRao, K. Hemachandra Reddy, K. Venkatarao, Ch.V.S. ParameswaraRao: "Investigações experimentais sobre vibração do fio, lacuna de faísca, MRR e rugosidade da superfície em WEDM para aço HC-HCr" International Journal of Mechanical Engineering and Technology (IJMET), ISSN Print: 0976 - 6340 e ISSN Online: 0976-6359, Volume 8, Edição 8, agosto de 2017, pp. 127-139.

[7] Maggi, F e Levy G.N - "WEDM Machinability Comparison of Different steel grades" - Annals of CIRP, janeiro 15/1/90.

[8] Puri A.B. Bhattacharyya B. - "An analysis and optimization of the geometrical inaccuracy due to wire lag phenomenon in WEDM"- International Journal of Machine Tools & Manufacture 43 (2003) pp 151-159.

[9] C ParameswaraRao Ch.V.S, Sarcar MMM - "Evaluation of Optimal Parameters for machining Brass with Wire cut EDM" - Journal of Scientific and Industrial Research ISSN 0022-4456 Volume 68, Número 1, Jan- 2009pp32-35.

Patent Search

Patent Search | Patent E-register | Application Status | Help

Application Number:

eg.9894/DELNP/2007

Enter Code*

Show Status

Detail	
APPLICATION NUMBER	201741018671
APPLICANT NAME	**1.S. SIVANAGA MALLESWARA RAO** **2. K. HEMACHANDRA REDDY**
DATE OF FILING	27/05/2017 10:53:09
E-MAIL (As Per Record)	sivanag123@gmail.com
ADDITIONAL-EMAIL (As Per Record)	srinivas@eevatech.com
E-MAIL (UPDATED Online)	
PRIORITY DATE	NA
TITLE OF INVENTION	COMPUTER IMPLEMENTED SYSTEM AND METHOD FOR EVALUATING OPTIMAL MACHINING PARAMETERS IN USING WEDM
PUBLICATION DATE (U/S 11A)	09/06/2017

Application Status	
Request For Examination Date	01/07/2017 15:27:09
Status	**Application Awaiting Examination**

केन्द्रीय उपकरण अभिकल्प संस्थान

CENTRAL INSTITUTE OF TOOL DESIGN

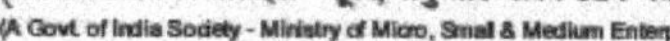

(A Govt. of India Society - Ministry of Micro, Small & Medium Enterprises)

संदर्भ :
Ref. : CITD/Trg./2016-17

दिनांक :
Date 24/03/2017

LETTER OF APPRECIATION

A Mobile Application (IWEDM) developed for WEDM

The developed app provides near precise values between the input parameters Vs output measures like Cutting Speed, Spark gap, Surface Finish etc., This app fulfills an Automated Process System for WEDM & optimizes the machining time with consistency. The results will aid us in avoiding the human intervention while planning for machining. The data which was used for developing this application has desired values of R^2 and RMSE. Based on these values, we can say that it was abest-fitted model for each set I have seen during the presentation. During the presentation, I have identified that app was developed with so much of background work was involved. It is observed that desired accuracy can be obtained for selective sample models while machining with WEDM.

It appears that the author has developed the above-said application based on the huge experimental data. The author has addressed all types of materials like ferrous, non-ferrous, tooling and metal matrix composites. As of now, the developed app can only handle few materials. I am recommending some more materials as a part of version 2.0 which would be useful to the manufacturing industry so that we will have good coverage of materials.

I am appreciating the author Dr. S. Sivanaga Malleswara Rao for good work and also congratulating the Dept. of Mechanical Engg., Jawaharlal Nehru Technological University, Anantapur, A.P for carrying useful research work for the manufacturing industry. Hope the author will continue his research in this area in future also.

Regards,
R.K. Pandra Kurlar
DIRECTOR

बालानगर, हैदराबाद - 500 037, आं.प्र., भारत BALANAGAR, HYDERABAD - 500 037. A.P. INDIA
(An ISO 9001:2008, ISO 14001:2004, ISO 29990:2010 Certified Institution)
Phones : 040-2377 2747 / 48, Training : 23771958, CAD/CAM: 23772749, Purchase : 23776168, FAX : +91-040-23772658
E-mail : hyd1_citdhyd@sancharnet.in Website : www.citdindia.org Chennai Extn. Centre : 044-22501014, Vijayawada Sub-Centre : 0866-2540560

Date: 12 Dec 2016

From:
PMI TOOLINGS Pvt. Ltd.
#68, ALEAP Ind. ESTATE
Pragathinagar, Hyderabad -90

To:
Director Research & Development,
Jawaharlal Nehru Technological University, Anantapur.

Dear Sir,

Sub: Letter of consent to conduct research at our facility – Reg.
Ref: Request letter received from S. Sivanaga MalleswaraRao, a **postdoctoral scholar** at JNTUA, dated 07 Dec 2017.

This is to inform you that on request of S. Sivanaga MalleswaraRao, we hereby grant permission to conduct his research experimentation work at our organization.

On behalf of **PMI Toolings Pvt. Ltd.**, I am writing to formally indicate our awareness of the research proposed by S. Sivanaga MalleswaraRao, a **postdoctoral scholar** at JNTUA. We are also aware that S. Sivanaga MalleswaraRao intends to conduct his research experimentation at our facility.

If you have any questions, please feel free to contact me on my office/personal at 040-65790400/9246837395 or email: precisionindus@gmail.com.

Yours sincerely,

BHANU PRASAD G.
Operations Manager
PMI Toolings Pvt. Ltd.

Fact : Plot No. 68, ALEAP I.E., Near Pragathi Nagar, Kukatpally, Hyderabad - 500 090.
Ph.: +91-40-65790400, e-mail : precisionindus@gmail.com

Ph (O) : 23776544

PURNODAYA CNC WIRE TECHNOLOGIES

Plot No. 15, H.No. 2-188, Old Airport Road, Shobana Colony, Balanagar, Hyderabad - 42

Ref : PCWT/Correspondence/2017 Date : 04/05/2017

FEEDBACK for a Mobile Application - iWEDM

We are delighted to share feedback about a mobile application, developed for WEDM. We appreciate the opportunity given to us to have launched the app (2 months ago) in our machine shop. The feedback received from our team says that this has enhanced the operator's abilities and there is an absolute value addition to the systems, services, and solutions that we offer to the industry. Our team has expressed their excitement while conveying their feedback about the app which has come to them after a long waiting and could not guess that their job will become this easy. They also have conveyed that this is what they wanted and have been looking for all these days. It is observed that the data obtained out of this app has helped us in achieving higher cutting efficiency, accurate cut and good surface finish which will definitely draw the attention of industry fraternity.

The feedback from our machine shop conveys that operators have ended up in saving time while setting up the machine. Their experience in handling WEDM machines has become much better than earlier.We want to acknowledge everyone's efforts and innovative thought for coming out with such a useful application. We are looking forward to working with the research team to have more such kind of applications in future.

We thank Department of Mechanical Engineering, Jawaharlal Nehru Technological University, Anantapur, Andhra Pradesh and the research team for this opportunity to get involved in testing and validating the data out of this application.

Yours sincerely,

G. Srinivasa Reddy

For PURNODAYA CNC WIRE TECHNOLOGIES

Director

To Whom So Ever It may Concern

Electronica HiTech Machine Tools Pvt. Ltd. (EHMTPL), a part of SRP Electronica Group is engaged in manufacturing of turning center, EDM, WEDM and sourcing of import machines to cater to the Indian market. We have long relationships with best in class manufacturers of the world we provide complete end to end solutions to the customer by identifying an appropriate product based on customer application and all the related auxiliary equipment support.

We believe in creating a work culture based on a foundation of ethical business practices which continuously improve employee and customer satisfaction.

We have seen the mobile application (iWEDM) which is available in Google Play Store developed by Dr. S N Malleswara Rao Singu and Dr. K. Hemachandra Reddy of Jawaharlal Nehru Technological University, Anantapur, Andhra Pradesh. The developed application provides values of output parameters like Discharge Current, Sparkgap, Material removal rate, Cutting Speed, Power, and Surface roughness based on the input provided. This app fulfills an automated process system for identifying optimal machining parameters for old generation WEDM. These results will aid us in avoiding human intervention while planning for machining. During the presentation, we identified that the app was developed with so much experimentation (1200 experiments for 10 materials), mathematical formulation, data mining and machine learning techniques.

As of now, the developed app can only handle few materials. We are recommending some more materials like EN series as a part of future versions. After seeing entire data, we came to the conclusion that of total experimentation was done on old Electronica machines. We are recommending the author try to do experimentation on new machines as they are incorporated with better coverage of new technology and performance in WEDM machines. We are expecting this in coming versions of the app.

We are appreciating the authors for good work and also congratulating Dept. Of Mechanical Engineering, Jawaharlal Nehru Technological University, Anantapur, Andhra Pradesh and India for carrying useful research work to the manufacturing industry. Hope the author will continue his research in this area in future also. Please feel free and in touch with us for any Metal Cutting Machines, Metal forming machines, EDMs requirements in future

For Electronica HiTech Machine Tools Pvt. Ltd. (EHMTPL)

Narendra Lagoo

General Manager (Operations)

Date: 10 July 2017

Electronica HiTech Machine Tools Pvt. Ltd.

Registered & Corporate Office : Elektra Chambers,44,
Mukundnagar, Pune - 411 037 India.
Tel. : +91 20 3043 5400 Fax: +91 20 2427 0891
Email: marketing@electronicahitech.com
Website: www. electronicahitech.com
Corporate Identity Number: U29210PN2011PTC139073

Factory :
S. No. 194
(Old 159),
Pune Saswad Road,
Pune - 412 308
www. electronicahitech.com

<u>To Whom So Ever It May Concern</u>

Sparkonix (India) Pvt. Ltd., is the flagship company of Sparkonix Group.Sparkonix has pioneered the EDM/Spark Erosion Technology in India since the launch of first indigeneously developed Metal Arc Disintegrator in 1968.

Building on this rich experience of over four decades, Sparkonix offers a comprehensive range of EDM/Spark erosion machines with cutting edge features. With continual investments in R&D, Sparkonix has been leading the way to set new bench marks for EDMs in India & several other key markets acros the globe.

We have seen the mobile application (WEDM) developed by Dr. S. N. Malleswara Rao, Dr. K. H.C. Reddy of JNTUA & Dr. C.V. S.P Rao of Narayana Engineering college, Gudur. The developed app provides near precise values between the input parameters Vs output measures like Cutting Speed, Spark gap, Surface Finish etc., This app fulfills an Automated Process System for WEDM. The results will aid us in avoiding the human intervention while planning for machining. The data which was used for developing this application has desired values of R^2 and RMSE. Based on these values, we can say that it is the best-fitted model for each set. During the presentation, we identified that app was developed with so much of background work. It is observed that desired accuracy can be obtained for selective sample models while machining with WEDM.

It appears that the author has developed the above-said application based on the huge experimental data. The author has addressed all types of materials like ferrous, non-ferrous, tooling and metal matrix composites. As of now, the developed app can only handle few materials. We are recommending some more materials as a part of version 2.0 which would be useful to the manufacturing industry so that we will have good coverage of materials. At the same time we expect same type of application need to be developed for Die Sinking EDMs.

We are appreciating the author S. N. Malleswara Rao for good work and also congratulating the Dept. of Mechanical Engg., Jawaharlal Nehru Technological University, Anantapur, A.P for carrying useful research work to the manufacturing industry. Hope the author will continue his research in this area in future also.

For Sparkonix India Pvt. Ltd., Pune

BPatwardhan

Ramesh A. Patwardhan,

Director

Date: 8th July 2017

SPARKONIX (INDIA) PRIVATE LIMITED

B-4, H-Block, MIDC, Pimpri, Pune-411018. Tel:+91-20-27476452, 27470643 Fax:+91-20-27464736

E-mail:sparkedm@vsnl.net Website:www.sparkonix.com

CIN-U31909MH1983PTC030924

Phone: 044 - 22 420 410
Mobile: 9381079900
E-mail: cmas@india.com

CMAS Controls **COMPUTERISED MACHINES AND SYSTEM CONTROLS**
13/A1, Kannagi St, Madipakkam, Chennai-600091.

Ref: CMAS/Doc/2k17-18/Project/appr.Ltr *Date: 07/06/17*

Approval Letter for a Mobile Application -iWEDM

First of all, we thank you for sharing the iWEDM app details and educating us regarding the usage of the same. We have thoroughly tested it for 45 days and found that the results are encouraging. We have been in this industry for 25 years. The results that recorded are matching with the outcome of the app.

We also understand that it takes huge effort to make such an application and making available to the industry. We sincerely appreciate for identifying the need to develop such an application. The industry is looking for such kind of app since long. There is a need to continue to develop such applications for all the machines that are available in the manufacturing space. This app saves us lot of time and surely help us in managing the resources at its best.

We look forward to exploring more about this project after successful development and deployment of all the versions. We wish the researcher developer all the best!

With best Reagards
For CMAS Controls

VALAVAN KUMARASAMY
9381079900 Proprietor

Printed by Books on Demand GmbH, Norderstedt / Germany